戴瑾 ◎ 著

从零开始读懂
量子力学

· 精装加强版 ·

北京大学出版社
PEKING UNIVERSITY PRESS

内容提要

量子力学是现代物理学的基石，推动了科学技术的快速发展。在今天，量子依然是新闻热点。

本书将为广大科技爱好者系统、严谨地介绍量子力学的基本原理和应用。读者需要熟悉高中物理和数学的相关内容，愿意学习科学的思维方式。虽然量子力学是一门有着神秘面纱、打破生活常识、颠覆人类认知的现代科学，但是读者只要愿意随着本书一起思考，就一定能够清楚地了解量子力学理论的基本概念，最终全面认识它在科学体系中的作用和对现代技术的贡献。

本书的叙述方式是一边讲解科学理论，一边介绍重要的实验现象和科学原理的应用。本书在第一篇中依次讲解了状态叠加、波粒二象性、不确定性原理等基本概念；在第二篇中介绍了量子力学在凝聚态物理和基本粒子物理领域中的应用。同时，对由量子力学催生的现代电子技术，也着重做了介绍。

图书在版编目(CIP)数据

从零开始读懂量子力学：精装加强版 / 戴瑾著. — 北京：北京大学出版社，2022.3

ISBN 978-7-301-32885-9

Ⅰ. ①从⋯　Ⅱ. ①戴⋯　Ⅲ. ①量子力学－普及读物　Ⅳ. ①O413.1-49

中国版本图书馆CIP数据核字（2022）第032184号

书　　　名	从零开始读懂量子力学（精装加强版）	
	CONG LING KAISHI DUDONG LIANGZI LIXUE (JINGZHUANG JIAOQIANGBAN)	
著作责任者	戴　瑾　著	
责 任 编 辑	王继伟　刘沈君	
标 准 书 号	ISBN 978-7-301-32885-9	
出 版 发 行	北京大学出版社	
地　　　址	北京市海淀区成府路205号　　100871	
网　　　址	http://www.pup.cn	新浪微博：@北京大学出版社
电 子 邮 箱	编辑部 pup7@pup.cn	总编室 zpup@pup.cn
电　　　话	邮购部 010-62752015	发行部 010-62750672
	编辑部 010-62570390	
印 　刷 　者	北京九天鸿程印刷有限责任公司	
经 销 者	新华书店	
	880毫米×1230毫米　32开本　10.5印张　242千字	
	2022年3月第1版　2024年12月第4次印刷	
印　　　数	12001-15000册	
定　　　价	88.00 元	

　　量子力学很伟大，它催生了各种高新技术，但有时却被一些人用来蒙骗他人；量子力学也很平凡，它所解释的就是我们身边的五色缤纷的世界。量子力学很玄妙，我们的很多基本常识在它那里完全失效，听起来既惊奇又烧脑；量子力学其实也没那么复杂，自然界的基本规律都是简单的，量子力学的基本原理是可以向大部分人解释清楚的。

　　本书将对量子力学做严谨的科普。既然是科普，我们将回避复杂的数学表述和方程式；既然要严谨，我们会力求对基本概念清晰解释，对科学原理准确表达。当然，我们也不会回避简单的公式，所以我们要求读者具有一定的物理和数学基础。

　　你需要学好高中物理和数学知识，了解速度、动量、能量、角动量等基本概念；你还需要知道复数，掌握一些基本的几何知识，这就够了。

　　你只要具备以上基础并跟着本书一起思考，就一定可以搞明白量子力学！

　　◆如果你是一个喜欢物理的高中生，这本书将帮助你很好地了解现代物理学。

◆ 如果你是一个物理类专业的本科生，这本书能帮助你拓宽视野，学到一些课本上没有的知识。

◆ 如果你是一名工程师，想了解你所熟悉的先进技术背后的科学原理，你也许会觉得这本书很有趣。

◆ 如果你是一名员工或管理者，想更好地了解现代科技，这本书能很好地满足你的需求。

本书分为两篇。

在第1篇中，我们将逐条解释量子力学的基本原理，共分为11章，每章所讲重点内容如下。

(1) 否认实体存在的现代物理物质观。

(2) 量子状态的叠加。

(3) 微观世界的波粒二象性。

(4) 量子不确定性原理。

(5) 量子力学的测量概念和其中的争议。

(6) 量子力学对电磁场和电磁相互作用的描述。

(7) 量子隧道效应。

(8) 量子化现象。

(9) 量子角动量和自旋。

(10) 玻色子、费米子和量子统计学。

(11) 量子纠缠。

在第2篇中，我们将介绍量子力学在几大领域中的应用，这些应用构成了量子力学对物质世界的解释，涉及的领域有化学和量子化学、凝聚态物理(包括固体物理、半导体物理、超导、介观物理和二维材料)、高能物理(包括粒子物理和量子引力)。这部分共分10章，每章所讲重点内容如下。

(12) 量子力学对化学的解释。

(13) 量子力学对晶体的研究和能带理论。

(14) 半导体物理学。

(15) 介观物理学。

(16) 以石墨烯为例的二维量子力学。

(17) 作为宏观量子现象的超导。

(18) 量子场论简介。

(19) 狭义相对论、广义相对论及量子引力的困难。

(20) 弦论简介。

(21) 量子计算机。

为了展示科学的力量，使阅读更加有趣，我们在介绍科学的过程中，穿插了量子力学原理在技术领域中的应用。本书内容涉及了大量的应用话题，具体如下。

(1) 测量手段类。

◆ 扫描隧道显微镜

◆ 2018 年的新国际单位制

◆ 光谱分析

◆ 原子钟

◆ 核磁共振

◆ 粒子加速器

(2) 硬技术类。

◆ 激光原理和应用

◆ 光伏发电原理

◆ 石墨烯电池

◆ 超导电磁铁

◆ 超导磁悬浮

(3) 现代电子技术类。

◆ 场效应管和 CMOS 技术

◆ 手机的摄像传感器原理

◆ 手机的内存和闪存原理

◆ LED 技术

◆ 液晶显示原理和量子点电视

(4) 未来技术类。

◆ 磁内存技术

◆ 基于石墨烯的芯片

◆ 超导计算机

◆ 量子通信

◆ 量子计算机

科学史不是本书的重点，本书主要介绍科学研究的结论及科学原理的应用。谈到科学和人类认识的突破，我们必须提到那些为此做出重要贡献的科学家。从 100 多年前的卢瑟福实验，90 多年前爱因斯坦和玻尔的世纪争论，60 多年前李政道、杨振宁、吴健雄发现宇称不守恒，到 20 世纪八九十年代物理大师威滕等人的弦论，2017 年引力波的发现，以及中国科学家正在做的中微子研究……我们介绍了 20 多组获得诺贝尔奖的物理学家的工作。

精装加强版，每章增加了背景知识和一些相关的理论实验介绍，新增了"再谈量子计算机"章节，讨论现代量子科技的前沿话题。手绘 21 幅物理插画，展现了奇妙的量子世界，还有一些笔者本人创作的科技诗词，独属于物理的浪漫，邀大家共赏！

下面让我们一起走进量子力学的世界！

第 **1** 篇

量子力学的基本原理

第 7 章 隧道效应

第 8 章 什么是量子？

第 9 章 角动量和自旋

第 10 章　玻色子和费米子

第 11 章　量子纠缠

第2篇

量子力学对物质世界的解释

第 21 章　再谈量子计算机

Part 01

第 1 篇

量子力学的基本原理

在讲述量子力学之前，我们需要先介绍现代物理学的物质观。

生活经验告诉我们，物质是有实体的，有一个看得见、摸得着，但是进不去的实体。然而现代物理学告诉我们，物质的实体性只是宏观世界给你的错觉。当我们走进微观世界，走进组成物质的原子、分子内部，会发现它们里面完全是空的。原子、分子都是由点状的、连半径都没有的基本粒子组成的。

正是因为通过实验发现了原子内部是空的，所以 20 世纪初的现代物理学先驱们才开始了对微观世界的自然规律的探索，最终创立了量子力学。作为一套系统的、完整的理论，量子力学解释了为什么内部是空的原子和分子可以构成坚如磐石、硬如钢铁的物质和五色缤纷的世界。

了解到物质内部是空的，你才可以理解世界上有中微子那样的粒子，可以轻易地穿过整个地球。

了解到物质内部是空的，你才可以理解宇宙中有中子星那样致密的天体,每立方米的质量为一亿吨;一颗比太阳还大得多的恒星,有时还可以无限地坍缩下去成为黑洞。

1.1 什么是微观世界?

在量子力学出现之前,物质不是物理学研究的课题。金子为什么是黄的?钻石为什么这么硬?铜为什么可以导电?铁为什么会有磁性?世间万物的属性,科学只能测量和接受,但不能解释。

现在我们已经知道,所有物质都是由分子和原子组成的,分子是由两三个或很多个原子结合而成的。物质特性的奥秘,就在于分子、原子的内部。原子的半径通常是一亿分之几厘米的量级,只有在光学显微镜下才能看到的细胞,也比它们大至少一万倍。只有研究分子、原子的内部结构时,你才能进入微观世界。在这个尺度之上,才是我们生活中熟悉的宏观世界。

1.2 微观世界是什么样子的?

原子是由原子核和外围的电子组成的,原子核的半径只有原子的十万分之一左右。也就是说,把原子放大到一个住宅小区的大小,原子核还没有一颗葡萄大!可见原子内部是何等的空旷。

那么电子有多大呢?按照现代物理学理论,电子是一种基本粒子,是一个点,半径是零!这一点有些难以理解,以后还会详细介绍。原子核是由质子和中子构成的,而质子和中子都是由 3 个被叫作夸克的基本粒子构成的。夸克和所有的基本粒子一样,也是一个点。

原来,微观世界完全是空的!在你的感官世界里,你可以实实在在地触摸每一个物体。物体都有确定的表面、尺寸和位置,但这一切都是你的错觉!从原子的角度上看,一切都是模糊的。我们看到的物体的形状,只是物体原子反射光的结果;我们看到的颜色,是原子反射时对光的频率的选择。在宏观世界,一切都是看得见、摸得着的;而在微观世界,只能说"色即是空,空即是色"。物质的内部如图1.1所示。

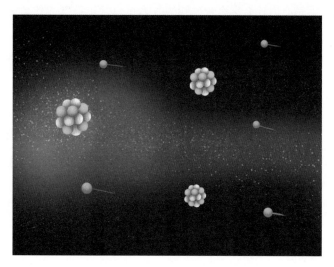

图 1.1 物质的内部

1.3 卢瑟福实验和行星模型

人们是什么时候认识到原子内部是空的?虽然科学史不是本书的重点,但是为了把科学研究的结论解释清楚,必须先让你了解卢瑟福实验。

卢瑟福的研究小组在 1908—1913 年间所做的实验，是用 α 射线轰击金箔。α 射线是卢瑟福在研究物质的放射性时发现的，当时只知道这种射线是带正电的高速粒子流。而人们也知道原子里面有电子，因为研究发现过从物质中射出来的电子流。那为什么用金箔呢？纯金的延展性非常好，因此金箔可以被制成几个原子那么薄。

可是实验结果很意外，大部分的 α 粒子都穿越而过，连一个小小的偏转都看不到，但也有极少数的粒子被弹了回来，还有约 1/8 000 的粒子有超过 90°的拐角，如图 1.2 所示。

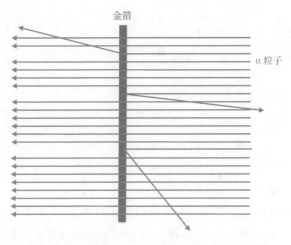

图 1.2　卢瑟福实验

实验结果为什么会这样？经过深入分析和思考，卢瑟福终于明白，大部分 α 粒子直穿而过，是因为原子内部存在巨大的空间；极少数粒子被弹了回来，是因为原子内部有一个很小的硬核。于是他设想了一个模型：一个非常小的带正电的原子核，周围有很多带负电的电子。

大部分α粒子会从原子内部巨大的空间中穿越而过,即使撞到一个电子,由于α粒子比电子质量大7 000多倍,结果也是电子被撞飞,而α粒子的轨迹不受影响。只有当α粒子非常接近原子核时,才会被弹回去,因为两个带正电的粒子之间的排斥力和距离的平方成反比(可以回忆一下库仑定律),会形成很强的排斥力,而且原子核比α粒子质量大很多。卢瑟福的原子模型如图1.3所示。

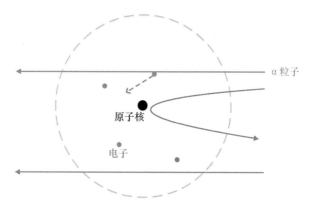

图 1.3　卢瑟福的原子模型

卢瑟福的模型,不但解释了奇怪的实验现象,还能够预测α粒子散射角(也就是偏转角)的分布,与实验结果定量地符合。不过问题来了,电子为什么不掉入原子核里呢?不但不会掉入,而且这个看似"完全空虚"的原子好像还很硬。黄金这样的物质基本不可压缩,这种空虚的原子根本压不垮。

卢瑟福把这个模型叫作行星模型。因为带正电的原子核会吸引带负电的电子,于是卢瑟福认为电子会围绕着原子核转,就像太阳系的行星围绕着太阳转一样,地球不是也没有掉到太阳上去吗?[①] 这一结论很快就被人指出错误,一个带电的粒子转圈的时候会辐射电磁波。电动力学告诉我们,带电粒子只要改变速度的大小或方向,都会有辐射。如果电子围绕原子核转动,由于辐射损失动能,那么电子转不了几圈就会掉进去。但如果电子不转,由于受到原子核吸引,那么电子就更没有理由悬在一片虚空之中!

认识到"色即是空",即揭开了近代物理大发现的序幕。卢瑟福于1908 年因对元素蜕变以及放射化学的研究被授予诺贝尔化学奖。但关于原子结构的这个实验,才是他对科学最伟大的贡献。

虚空的原子,为什么可以构成坚如磐石、硬如钢铁的物质呢?量子力学将回答这个世纪难题。

1.4 重建现代物理的物质观

现代物理学认为,粒子只是一个点,并不是一个实体,根本没有那种可以贴上去但进不去的实体。在宏观世界中体验到的实体感,是粒子之间相互作用的结果。

虽然物质内部是虚空的,但是我们却不能像崂山道士那样穿墙而过,这是因为身体的原子和墙上的原子之间有排斥力,本书将用量子力学解释这种排斥力。而我们看到的各种物质,从水、空气到黄金、钻石,都是原子、分子之间通过相互作用自发建立秩序的结果。

---

① 你应该听说过引力波吧。电子围绕着一个中心转动会产生电磁波,地球围绕着太阳转动会产生引力波。只不过引力的相互作用比电磁的相互作用弱太多,而地球辐射的引力波更弱,即使等到太阳系灭亡的那一天,地球也不会掉进去。

量子力学，就是探讨粒子之间相互作用规则的学科。

1.5 自然界的四种相互作用

既然谈到了相互作用，就需要介绍一下自然界中都有哪些相互作用。

自然界的第一种相互作用是主宰宇宙的万有引力。 如果没有万有引力，地球就不会被约束在太阳周围享受阳光的照耀，我们会飘向太空变成"孤魂野鬼"。万有引力正比于物体的质量，只在宇宙空间中才起作用。原子、分子之间的引力完全可以忽略。

自然界的第二种相互作用是构建物质世界的电磁相互作用。 带电的粒子之间会有吸引力或排斥力。否则，电子就不会围绕在原子核周围从而形成原子，世间的一切都将不会存在。

这两种相互作用都是长程力，不需要接触，隔着很远就可以发生。近代物理研究揭示，这两种长程力并不是直接的相互作用。电磁的相互作用是靠电磁场或光子传播的，引力的相互作用则是靠引力场。

既然物体的内部都是虚空的，那么粒子是不是可以在里面畅行无阻呢？那可不一定，这时要看它参与的相互作用。

卢瑟福实验中用的 α 粒子，实际上是三种放射线中穿透能力最弱的。因为 α 粒子是带电的，电磁的相互作用是长程力。它能穿透很薄的金箔，但不能穿透普通的纸张。普通物质中的碳原子核和氢原子核，质量比金原子核更接近 α 粒子。在中近距离上，这些原子核就会通过电相互作用，吸收 α 粒子的能量。所以在放射性物质中，只有 α 辐射最不可怕，只要别吃进去、吸进去就行。

第二种放射线 β 射线，是由电子或正电子组成的。它也会因为和原子内部的电磁相互作用而减速，特别是和原子内部电子发生碰撞时。但是因为电子比较轻，从发生放射性衰变的原子核中发射出来的速度比 α 粒子快得多，而且大部分时候接近光速，所以它们能穿透更多的物质，需要一块金属板才能挡住。

光子不带电，但它是电磁相互作用的传播者，可以和任何带电的粒子直接作用。当光子能量和原子内部电子的能量比较接近时，在可见光波段，物质的相互作用就会特别强，会发生各种反射和吸收。不同的物质会反射、吸收不同频率的光线，这才有了"空即是色"。我们的眼睛，只对这个波段比较敏感，这也算是一种天人合一吧，人类的进化是适应自然规律的。

当光子的能量更高，远远超过原子内部电子的能量时，它的穿透力变得很强。量子场论的研究表明，光子能量越高，与带电粒子发生作用的概率就越低。到了 X 波段，光子已经可以穿透我们的身体，可以用来做透视，帮助医学诊断。

第三种放射线 γ 射线，是能量更高的光子，需要很厚的铅板才能挡住，是一种很危险的射线。

自然界的第三种相互作用是强相互作用。中子不带电，基本上不与原子核和电子发生电磁相互作用，但它参与强相互作用。在地球上，强相互作用造成原子弹、氢弹的爆炸；在宇宙中，强相互作用主宰太阳和所有恒星的燃烧。顾名思义，强相互作用比电磁相互作用强得多。不像万有引力和电磁相互作用，它是一种短程的相互作用，只有当中子进入原子核时才能发生作用。所以它与原子发生相互作用的机会很小，穿透力有时比 γ 射线更强。氢弹爆炸时会有大量的中子从原子核里发射出来,利用这个原理设计的中子弹,据说可以利用中子射线穿透坦克杀死里面的人员。

自然界的第四种相互作用是弱相互作用。与强相互作用一样,弱相互作用也参与太阳内部的核反应,以及地球上的放射性衰变。把β射线从原子核激发出来的,就是这种相互作用。弱相互作用不但比强相互作用弱得多,而且作用距离也比强相互作用更短,不到强相互作用距离的1/100。有一种叫中微子的粒子,不带电,只参与弱相互作用。因为与其他物质的相互作用极弱,所以它能够轻易穿过地球!物质内部是空的,它是第一体验者。

核电站会有大量的中微子辐射出来。在深圳大亚湾核电站附近,我国科学家建立了一个中微子探测装置进行相关的科学研究。探测器就藏在核电站附近的大山深处,离地面至少100m,这样除中微子外,其他从核电站和太空来的粒子都无法进入。因为中微子的相互作用非常弱,探测它是一个挑战。

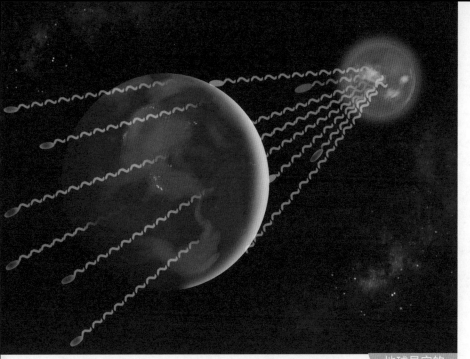

原子云虚穿越过，
方知形色如空。
巡天遥看万河穷，
九洋洲世界，
可叹缈飞虫。

小小寰球争斗猛，
茫茫苦海浮生。
问佛何世天下公，
拈花微笑秘，
回首落阳红。

临江仙·禅思

　　认识量子力学的起点，是弄懂它的状态叠加原理。例如，对于盒子中的一个粒子，我们传统的思维方式是，粒子不是在左边就是在右边，只有两种可能性。这种非此即彼的逻辑在量子世界中必须丢弃，量子力学中的一个粒子，可以在左边的同时也在右边。一般的粒子状态是左右两个基本状态按任意比例混合，混合的比例决定了粒子在左边和右边的概率。

　　量子力学的这个特点是量子计算的基础。计算机中的基本信息单位是比特，一个比特代表两种可能的状态（0和1）。量子计算机中的基本信息单位是量子比特，一个量子比特是两种基本状态的任意混合，有大量的可能状态。少数的量子比特就可以包含海量的信息，对量子比特的操作相当于在不耗费更多电能的情况下进行海量的并行计算。

　　一个粒子或一个量子系统的很多可测量的物理量，通常都处在混合的状态。位置可以是不同坐标的混合，速度可以是快速和慢速的混合,也可以是向南飞和向北飞的混合。太阳辐射出来的中微子,是 3 种中微子的量子混合,把它鉴定为某一种中微子的概率约为 1/3。

而原子内部的电子,则处于各个不同位置的大混合。它们的状态用一个波函数描述,波函数告诉我们其出现在每一个位置附近的概率。电子是一个点,因为它可以在一个位置上被抓住,但它同时又像云和水那样无处不在。因此,原子的内部,是空也是非空。

量子力学的理论和方程,可以计算电子的波函数,但无法预测一个电子会在什么时候出现在哪个位置上,只能告诉我们一个概率。和经典物理学不同,量子力学是非决定性的。这一点不仅普通人觉得难以置信,当年包括爱因斯坦在内的一众科学家也是不相信的,引发了"上帝不会掷骰子"的大辩论。最终,反对派在实验证据和理论分析下,只能接受。

2.1　两个量子态的随意组合

量子力学是一种力学,力学研究的是一个物体或一个系统的状态怎样因受力而改变。比如,我们学过的牛顿力学,其中,牛顿第二定律告诉我们,一个质点的加速度与受力成正比,也就是说,力改变了这个质点的速度。力学首先要解决的问题是怎么描述状态。

量子力学与过去所学的力学非常不同。自从有了量子力学,物理学就把过去所有的力学(牛顿力学、电动力学等)叫作经典力学。如果把经典力学运用到微观粒子上,就应该用位置、速度这样的参数来描述它们的状态。然而,量子力学中的状态和经典力学中的状态完全不一样。

量子态的一个特性是可以叠加,可以随意组合。比如,关在一个盒子中的粒子,可以在盒子的左边,也可以在盒子的右边,如图 2.1 所示。

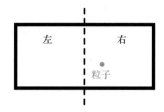

图 2.1　盒子中的粒子

如果把这两种状态分别叫作 | 左 > 和 | 右 > (量子力学中经常用 " | > " 符号来表示状态),那么公式[2.1]也是一种可能的状态。

$$| \chi > = \frac{1}{\sqrt{2}} | 左 > + \frac{1}{\sqrt{2}} | 右 >　　　　[2.1]$$

在这种叫作 | χ > 的状态里,粒子有一半的机会在左边,一半的机会在右边。

你可能会想,粒子在盒子里飘,有时在左边,有时在右边……错!**这个粒子会同时在左边和右边!** 这是微观粒子的状态和宏观物体的状态之间最大的不同,不再是非此即彼。并且,**物理学无法准确地预测每一次观测的结果,只能计算出现某一种结果的概率**。不要问为什么,请接受这个事实!任何理论系统都必须有一些不需要解释的基本公设。

微观世界的不确定性,早已作为一个事实被科学界所接受。

有一个实验,证明了一个粒子可以同时出现在两个不同的位置,我们将在 3.2 节中进行讨论。

在数学上,公式[2.1]的形式叫作线性组合——几个数学量乘以不同的系数再相加。在量子力学中,这个系数是复数,这一点很重要。

2.2 复数的复习

为了讲清楚量子力学,我们需要先复习一下中学课本中的复数。一个复数有两种表达方式,可以用实部和虚部来表示,也可以用一个模(或绝对值)和一个相位角来表示。

$$a + bi = re^{i\phi} = r\cos \phi + ir\sin \phi , \; i^2 = -1 \qquad [2.2]$$

公式[2.2]中,a 为实部,b 为虚部,r 为模,ϕ 为相位。如果画图,一个复数可以用一个矢量(带箭头的线)来表示,如图 2.2 所示。

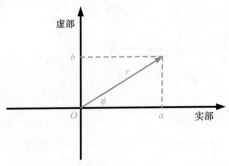

图 2.2　作为一个矢量的复数

比如,$i = e^{i\frac{\pi}{2}}$,$1 + i = \sqrt{2}e^{i\frac{\pi}{4}}$。

2.3 概率和相位

首先要使用的是复数的后一种表达方式。将两个量子态随意组合：

$$|新状态> = r_1 e^{i\phi_1} |左> + r_2 e^{i\phi_2} |右> \qquad [2.3]$$

这个新状态有什么特点呢？如果探测这个粒子，r_1^2 是它出现在左边的概率，r_2^2 是它出现在右边的概率。考虑到总概率必须等于 1，我们有一个小小的附加条件：

$$r_1^2 + r_2^2 = 1 \qquad [2.4]$$

此外，一切组合都是可能的。

因为这个复数系数的模平方是概率，所以通常把这个系数叫作概率振幅。

模对应概率，那么相位又有什么意义呢？现在先告诉你，相位很重要。

比如，这样一个状态：

$$|\chi_1> = \frac{1}{\sqrt{2}} |左> + \frac{i}{\sqrt{2}} |右> \qquad [2.5]$$

与公式[2.1]中的状态 $|\chi>$ 一样，都是粒子有一半概率出现在左边，一半概率出现在右边。但它们是完全不同的状态，如图 2.3 所示。

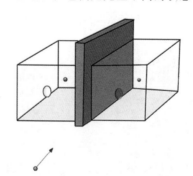

图 2.3　射向两个开孔盒子的粒子

两个并排的盒子，各开一个小孔。外面射过来的粒子，如果找不到了，就是进入了两个盒子中的一个。此时，它的状态就是在两个盒子里的线性叠加。叠加的系数取决于很多因素，比如，两个孔的大小、粒子入射的角度等。阅读了本书之后的章节，你会有更多的了解。

2.4　我是一片"云"的波函数

在上述讨论中，我们人为地把一个盒子划分为左右两部分，其实将它划分成三部分也未尝不可，如图 2.4 所示。

图 2.4　划分成三部分的盒子中的粒子

划分成三部分后，类似于公式［2.6］的组合也是一个可能的量子态：

$$|\chi_2> = \frac{1}{\sqrt{3}}\,|\,左>+\frac{e^{0.1i}}{\sqrt{3}}\,|\,中>+\frac{e^{0.2i}}{\sqrt{3}}\,|\,右> \qquad [2.6]$$

我们生活的三维空间、四维时空都是连续的，所以一个粒子的状态，可以用函数 $\psi(x,y,z,t)$ 表示。在每一个时空点上，这个函数的模的平方就是粒子出现在这个时空点的概率密度。

你可能听说过电子云这个词，原子核周围有电子云。但电子云和蓝天上的白云不同。白云是由悬浮在空中的千千万万个细小水滴组成的,电子云可以由一个电子组成。电子会被原子核的正电荷吸引在附近并高速运动,但它并没有确切的位置。电子在离原子核比较远的地方出现的概率会很小,但原子没有绝对的边界。为了方便解释,可以用小白点的疏密来表示电子出现的概率,看起来就像一片"云"笼罩在原子核周围,这就是电子云。

函数 ψ 叫作波函数。为什么叫波函数,第 3 章会做出解释。

需要指出的是,虽然量子力学只能对测量结果的概率做预测,物理测量的结果都是非决定性的,但波函数本身却是决定性的。在一个量子系统中,如果知道波函数的初始状态,它未来的演化是可以通过薛定谔方程解出来的。

2.5 爱因斯坦和玻尔的论战

承认微观世界的不确定性,是量子力学的起点。一般情况下,粒子没有确定的状态,物理理论不能预测每一次测量的结果,只能进行统计。

接受这个世界有本质上的、原则上的不确定性,不是一件容易的事情。不要说普通人第一次听到时会觉得匪夷所思,就连当年量子力学的创建们之间也有过激烈的争论。爱因斯坦就不相信物理学会有原则上的不确定性,他与玻尔争论了十几年。爱因斯坦说,上帝绝不会掷骰子! 玻尔对爱因斯坦说,不要告诉上帝该怎么做。

尽管无法驳倒玻尔,但是爱因斯坦一直认为,量子力学不是终极的理论,终极的物理理论应该是具有确定性的。这个想法,在很长的时间内一直有人研究,发展成了所谓的隐性变量理论。

隐性变量理论认为粒子仍然像经典力学所讲那样，只要知道它的初始状态，就能预测它之后的轨迹。但它假设粒子有一些隐性的变量，比如，还有一个我们看不见的高维小空间。我们不知道这个粒子的所有初始条件，自然就无法预测它未来的行为，所以粒子就表现得很随机。

隐性变量理论，作为一种可能性，长期无法被排除。20 世纪 60 年代，英国物理学家约翰·斯图尔特·贝尔证明了无论什么样的隐性变量，都不能造成和量子力学一样的量子纠缠。近几十年来，随着实验技术的不断进步，一系列双光子量子纠缠实验指向了隐性变量理论的反面。直到 2015 年，终于有了一个公认的没有漏洞的实验，算是彻底否定了隐性变量理论。

本书将在第 11 章中详细解释量子纠缠。

在物理学中，实验是检验真理的终极标准。这场持续了近 90 年的争论，也许可以画上句号了。

2.6　中微子振荡

在本书 1.5 节中，介绍过穿透能力超强的中微子。发生在太阳中心的燃烧，是一个复杂的核反应。4 个氢原子核，也就是质子，经过多次聚变和 β 衰变，最终变成了氦原子核，也就是 α 粒子。每一次 β 衰变都会释放出一个正电子和一个中微子，中微子一旦产生，以它超强的穿透能力，马上就会逃离太阳飞向宇宙，所以太阳有非常强的中微子辐射。地球上每平方厘米每秒会有几十亿个中微子穿过。不用害怕，中微子虽然穿透能力超强，但它与物质的相互作用太弱了，对人体无害。

20 世纪 60 年代，科学家终于探测到了太阳中微子。但奇怪的是，探测到的中微子辐射强度大约只有预计的 1/3，其余 2/3 的中微子不知道去了哪里，这成了天体物理学和粒子物理学的著名难题，被称为"太阳中微子问题"。天体物理学关于太阳内部核聚变的理论已经很完善，经过多年的反复检查也没有发现问题。该理论和其他观测数据都很相符，除了解释不了丢失的中微子。也许，粒子物理学需要修正。

到了 21 世纪，中微子难题才被解决。原来，中微子有三种类型：电子中微子、μ 中微子和 τ 中微子。在 β 衰变中，随着正负电子一起产生的是电子中微子。中微子有一种奇特的现象，叫作中微子振荡。电子中微子诞生之后，在太空传播的过程中，会发生演化，变成三种中微子的量子叠加，每一种中微子的成分还会振荡着发生周期性变化。太阳中的中微子，到达地球之后，早已变成三种中微子的混合，而当时的探测器，却只能探测到电子中微子。

2001—2003 年，加拿大和日本的两个实验团队，共同探测到三种中微子，终于把"丢失"的中微子找了回来。这两个团队获得了 2015 年诺贝尔物理学奖。

大亚湾中微子实验是一个由中科院高能物理研究所组织，多国科学家参与的项目。他们在离核电站不同的距离上设置了电子中微子的探测器，看到了远处中微子辐射强度减小，直接观测到了中微子振荡。他们在国际上首次观测到第三种中微子振荡，并测量了其混合强度。这是中国科学家对探索自然界基本规律作出的最重要的贡献之一，他们因此获得了我国国家自然科学奖。

关于中微子振荡的机制，我们将在 3.5 节中进行详细介绍。

2.7 量子比特

在 2.1 节中讲到,把一个盒子划分成左右两部分,再由左右两种状态进行量子叠加,这是为了方便解释物理概念而进行的人为划分。不过,微观物理世界中自然的二态系统有很多。在这些系统中,有两种具有不同特征的基本状态,所有可能的量子状态都是这两种基本状态的叠加。

在计算机中,比特(bit)是最小的信息单位。一个比特有两种状态,可以是 0 或 1,表示对一个问题"是"或"否"的回答,非此即彼。

量子的二态系统被称为量子比特(qubit)。量子比特不是非此即彼,而是 $|0>$ 和 $|1>$ 两个状态的线性组合。量子比特是量子信息的基本概念,近年来也经常被别的领域使用。

对于一个量子比特所对应的状态,可以把公式[2.3]和公式[2.4]再细化一下。第一,虽然相位很重要,但是只有不同状态之间的相位差才有物理意义,所有状态的公共相位是可以去除的;第二,如果两个实数的平方和是 1,那么它们一定可以表示为某一个角度的正弦和余弦。所以,公式[2.3]可以进一步写成:

$$|\chi> = \cos\frac{\theta}{2}|0> + \sin\frac{\theta}{2}e^{i\phi}|1> \qquad [2.7]$$

并且,在 $\theta = 0°$ 时,$\sin\frac{\theta}{2} = 0$,所有不同的 ϕ 对应着同一种状态。

同样,$\theta = 180°$ 时,$\cos\frac{\theta}{2} = 0$,所有不同的 ϕ 也对应着同一种状态。所以一个量子比特的不同状态是和一个球面上的点一一对应的。在

这个球面上，北极和南极对应着纯粹的 $|0>$ 和纯粹的 $|1>$ 两种状态，如图 2.5 所示。

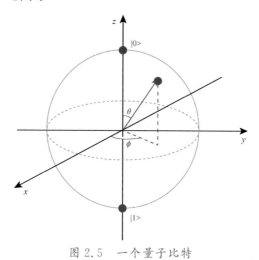

图 2.5　一个量子比特

这样一个特殊的几何结构，被称为布洛赫空间。

2.8　量子计算机简介

下面我们先离开物理概念，走向应用领域。这要从一个古老的传说开始。

国际象棋在古印度被发明的时候，国王问发明人想要得到什么奖赏。这个聪明的发明者答道："大王，您只要赏我一些麦粒就可以了。我的棋盘有 64 个格子，对应第一个格子您赏我 1 粒，第二个 2 粒，第三个 4 粒，第四个 8 粒……直到第 64 个格子。"国王笑了："你是太谦虚，还是小瞧本王？"但是后来属下报告，还没奖励到棋盘的一半，国库的粮食就发完了！

这个故事让我们了解了指数的强大，如果满足这个聪明人的要求，需要 $2^{64}-1$ 粒麦子，大约是现在全世界每年麦子产量的 1 000 多倍！

经过了半个多世纪的发展，计算机的性能已经非常强大。中美两国最强大的超级计算机，每秒钟能够进行超过 100 亿亿次的计算。然而，仍然有大量的实际应用问题，是这些计算机解决不了的。比如，把一个自然数分解成素数的乘积。

你可能会觉得奇怪，这有什么难的，很好做啊，例如，$99＝3×3×11$。如果数字小，当然不需要计算机，但你试试分解一个 100 位的整数。目前所有已知的分解整数的算法，随着这个数字的变大，计算量都是呈指数级增加的。数字稍微大一些，即使是世界上性能最强大的超级计算机，经年累月也无法算出结果。

如果随着数字的增大，计算量呈指数级增加，那么一般认为这个问题是不可计算的。虽然知道怎么去算，但是就是算不出来！

不可计算性也是有实际应用的。例如，现在互联网上流行的公码加密技术，就是利用了整数分解的不可计算性，通过公共网络分发密钥，保证了信息的安全。它的基本原理如下。

（1）发起者使用一对非常大的素数，使用公开的算法，产生一对公钥和私钥。因为大数分解不可计算，任何人也不可能根据公钥反推出那两个素数，从而计算出私钥。

（2）发起者把公钥广播出去，所有给他发送的信息，都必须用公钥加密，但只知道公钥仍然无法解密。

（3）发起者自己保留私钥用于解密。发送给他的信息虽然在公共网络上传输，但只有他读得懂。

接下来继续讨论量子比特。

虽然都是信息的单位，但是 bit 和 qubit 的信息含量是不一样的。2bit 代表 4 个不同的状态 $(0,0)$、$(0,1)$、$(1,0)$、$(1,1)$ 中的一个。2qubit 是 $|0,0>$、$|0,1>$、$|1,0>$、$|1,1>$ 这 4 个状态的一个线性组合，是无穷多种可能性中的一个，有着 4 个复数系数（扣除公共相位及总概率为 1 的限制条件）。前者是数字信息，后者是模拟信息。模拟信息能折合成多少 bit 的数字信息，取决于具体的设备对量子态的控制和测量的精度，但总的信息含量和复数系数的个数成正比。

以 bit 为单位，当数量增加时，信息含量成正比增长。以 qubit 为单位，当数量增加时，信息的含量呈指数级增长。16bit 代表不超过 65 536（2^{16}）的一个正整数，可以用作 UNICODE 编码，代表包括汉字在内的一些字符；256bit 可以储存 16 个 UNICODE，差不多是中文的一句话。16qubit 对应着 65 536 个复数系数；256qubit 对应着 2^{256} 个复数系数！如果有办法把数据转化成量子态，把全人类掌握的所有信息，存储到这 256qubit 中，那么也只会占用它微不足道的一小部分存储能力。量子比特充分展示了指数级编码及存储的强大。

20 世纪 80 年代，物理学家费曼等人提出了量子计算机的概念。

现代计算机是基于半导体技术发展起来的。半导体技术离不开对量子力学的认识，但这些计算机都不是量子计算机。对于量子计算机的研究者而言，它们都叫作经典计算机。量子计算机是执行量子算法的计算机，用来解决经典计算机无法解决的计算方面的问题。量子计算机的构建有多种不同的思路。

经典计算机是基于经典 bit 构建的。计算机中的 1bit 有"0"和

"1"两种可能,既可以对应着一个微型电容器上面是否存有电荷,又可以对应着一组场效应管组成的双稳态电路中的一个状态。采用大规模集成电路技术,可以用硅晶圆上纳米尺度的微型器件来实现 1bit 的存储。量子计算机是基于量子比特(qubit)构建的。在本书的第 21 章中,将介绍一些实现 qubit 的技术。

经典计算机由一些门电路组成,门电路对 bit 进行简单的运算,比如,逻辑的"与""或"计算。一切计算任务,都可以分拆成这些简单运算的组合。量子计算机也是由一些量子门组成的,量子门对 qubit 进行相应的运算操作。

N qubit 对应着 2^N 个不同的量子状态的组合。量子门的运算,是一个量子物理的过程,让一个量子态演变成另一个量子态(一个不同的组合)。这相当于对 2^N 复数系数同时进行平行的运算,比如,可以是 2^N 个系数的乘法和加法,并且 2^N 个这样的计算同时进行。这样,一瞬间就能完成天文数字的计算任务! 当然,量子态的测量结果有随机性,需要多次重复计算过程并进行测量,才能得到量子态的准确信息。即使这样,量子门运算也仍然是计算能力的本质提高。

1994 年,数学家彼得·秀尔证明了如果量子计算机能制造出来,整数的分解就是可以计算的。这也意味着未来的量子计算机能够破译公码加密技术。

虽然目前量子计算机的硬件发展还远远落后于理论研究,但是人们对超级计算能力的追求是永远不会停止的。

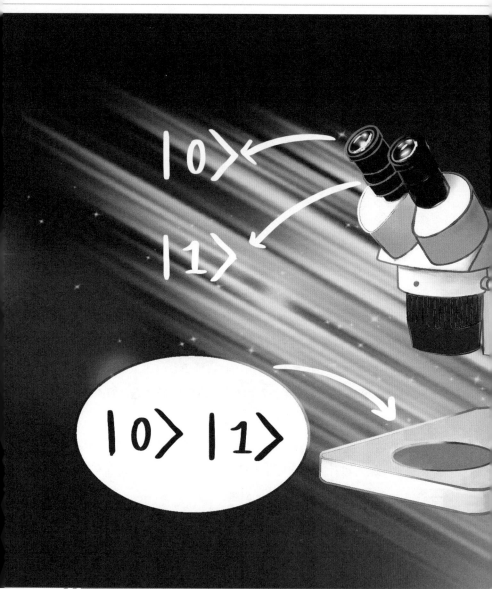

一个 0 和 1 的混合态经过观测，被鉴定为 0 或者 1

卜算子·粒子与云水

拾起一颗星，
放下成流水。
粒子行踪不可知，
同在南和北。

万物似行云，
上帝心无悔。
原子方程卜算知，
世界多奇美。

前面讲过,粒子可以像云和水一样无处不在。水上的一种常见的物理现象在量子力学中至关重要,那就是波。波动是周期性的振动在媒介中传播,是自然界中的常见现象。量子力学波函数名称的由来,就是因为它几乎总是以波动的形式存在。量子力学中,粒子同时也是波的属性,被称为波粒二象性。

一个粒子的能量,永远和它的波函数的振动频率成正比,这是量子力学,也是整个自然界最重要的公式之一。比例系数是一个自然界基本常数:普朗克常数。

展示电子波粒二象性的最好的实验是双缝干涉实验:让电子射线通过两条靠得很近的窄缝。我们看见每个电子在底片上产生一个亮点,这是粒子的特性;而大量电子的长期曝光生成了美丽的干涉条纹,这又是波的特性。电子一方面是能产生亮点的粒子,另一方面又是能够同时穿过两条缝的波。

中微子射线是 3 种中微子的量子混合,在它们波动传播的路径上，每一种中微子被探测到的概率会有周期性的变化。这种物理现象的机制和双缝干涉形成条纹的机制类似。这种量子现象被中国科学家们在大亚湾的实验中观测到了。

　　在量子力学出现之前，光被认为是一种波动现象。爱因斯坦通过对光电效应的分析，认识到光也有波粒二象性，每个光子的能量等于光的振动频率乘以普朗克常数。

　　光的波粒二象性在量子力学中有深刻的影响。我们看见一个东西是因为它反射了光线，现在光的能量有了一个最小的单位——光子，一个物体被看到的同时会不可避免地被光子冲撞；当这个物体是一个同样轻、小的粒子，它的状态会不可避免地被改变。在量子力学主导的微观世界中，观测必然会改变被观测物的状态，你看到的东西永远和被看到之前是不一样的！

　　在后面章节的讨论中，我们可以看到波动性在物质的构造中扮演了比粒子性更重要的角色。

3.1　自由粒子的波函数

　　自由粒子是指不受外力影响的粒子。在宏观世界中，最像自由粒子的东西其实是宇宙中的星球。虽然与人类相比，星球是一个庞然大物，但是在宇宙中，它就是一粒微不足道的尘埃。

　　按照牛顿第一定律，一个星球基本上会保持匀速直线运动，同时它还可以自转。我们先把自转的问题放在一边，一个星球的状态，应该用位置 x 和速度 v 来描述。在量子力学里，更喜欢用动量而不是速度来描述状态。回忆一下中学物理，动量 p 可表示为物体质量和速度的乘积。

$$p = mv \qquad\qquad [3.1]$$

光子的情况与其他粒子稍有不同，它的速度永远是光速，它的静质量是 0，但仍然有一个动质量和动量。

那么，一个自由粒子的波函数是什么样的呢？一种最简单的可能是这样的：

$$\psi(x,t) = e^{2\pi i(px - Et)/h} \qquad\qquad [3.2]$$

公式 [3.2] 中，p 为粒子的动量，E 为粒子的能量。

参考公式 [2.2]，把公式 [3.2] 所示的波函数的实数或虚数部分画出来，得到的图形如图 3.1 所示。

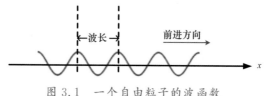

图 3.1　一个自由粒子的波函数

> 注：我们生活在三维空间里，位置坐标需要用 (x,y,z) 来表示。为了方便表达，本书在大部分情况下，只用 x 来表示位置。通常，从三维空间中挑出一维来进行表述，不影响对物理概念的理解。

图 3.1 所示是一列波。波函数之所以被称为波函数，就是因为它经常展现出波动的性质（当然也有例外的情况）。波动是自然界中的

常见现象,比如,我们可以看见的水波,听见的声波,还有作为电磁波的无线电波和光。波的特点是振动着向前传播,它有一个空间上的周期,称为波长(λ),在每一个空间点上还有一个相同的振动频率(f)。粒子的动量和能量与这列波的波长和频率有关:

$$p = h/\lambda \qquad\qquad [3.3]$$

$$E = hf \qquad\qquad [3.4]$$

公式[3.4]中,h 是一个非常重要的数,叫作普朗克常数。经过测量:

$$h = 6.626 \times 10^{-34} \text{J/s} \qquad\qquad [3.5]$$

我们可以看到,普朗克常数非常小,它决定了量子力学的效应,基本上,它只在微观世界中才重要。

我们还可以看到,相位很重要。如果探测粒子的位置,则相位对测量结果没有影响;但是如果测量粒子的动量或能量,则相关信息都"藏"在相位里。

虽然图 3.1 所示的自由粒子的波函数是波动的,但是它的模是处处相同的,这个粒子像一个自由的星球一样,有着固定的动量或速度。它没有一个轨迹,而且它出现在空间任何位置上的概率都是一样的,它无处不在。

3.2 电子的双缝干涉实验

电子的双缝干涉实验证实了波函数的波动性,如图 3.2 所示。

如图 3.2 所示,把电子束射向两条靠得很近的窄缝,用照相底片捕捉通过窄缝的电子。每一个电子都会在底片上留下一个亮点,当大

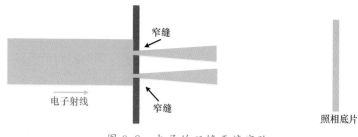

图 3.2　电子的双缝干涉实验

量的电子被捕捉时,底片上会形成什么样的图案呢? 会是两条亮线吗? 实验得到的图案如图 3.3 所示。

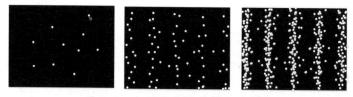

图 3.3　电子的双缝干涉实验结果

　　在捕捉到大量电子后,照相底片上积累形成的图像不是两条亮线,而是一组条纹。

　　这样一组条纹对物理学家来说并不陌生,它是波所特有的现象,叫作双缝干涉。早在 1801 年,物理学家就通过光的双缝干涉实验,证实了光的波动性。波动能形成这样一组条纹,解释起来也不难。

　　让我们首先回忆一下复数的加法。如果两个复数的相位接近,那么它们相加后模会增加。如果二者的相位相反,即差 180°左右,那么它们会互相抵消,模变得很小。一列波通过两条缝隙被割裂成两列,两列波又在底片上叠加到了一起。在底片上沿着垂直于缝的方向行走,会逐渐地接近一条缝而远离另外一条。由于波长很小,这些细微的距离变化会造成两列波的相位差不断发生变化,一会儿差整数个周期,波函数得到叠加,电子出现在这里的概率变大;一会儿差半个周期的奇数倍,波函数相互抵消,电子出现在这里的概率变小,如图 3.4 所示。

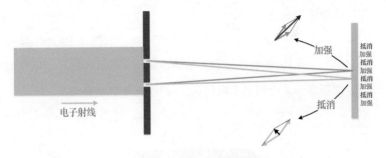

图 3.4 双缝干涉原理解释

电子的双缝干涉实验发人深省,因为它演示了量子力学中的波粒二象性。

如果电子在空中飘浮着做随机运动,它也可能通过一条缝或另一条缝到达底片上的同一个点。这种情况发生的概率,是电子通过两条缝的概率的相加。然而我们看到的是两列波振幅叠加的结果。量子力学中概率就是振幅绝对值的平方,振幅叠加的结果与相位密切相关,叠加后的概率可以大于或小于两个概率相加,这叫作相干叠加,是波动特色,与随机运动中的概率相加完全不同。

电子作为一列波,被两条窄缝分割成两列,互相干涉形成了一组条纹。然而,电子是粒子,我们可以看见它被照相底片捕捉后形成的一个亮点。作为一个粒子,**电子必须同时从两条缝中穿过**,否则你就无法理解这样的干涉现象。做实验的人是无法确定接收到的电子是从哪一条缝中穿过的,除非挡住其中一条缝,但那样做就不会有这些美丽的条纹产生了。

在 2.1 节中，我们提到量子力学中的一个粒子可以同时存在于空间中很多个不同的位置，这个实验就是一个例证。我们还看到，相位对实验结果来说很重要。

除干涉外，衍射也是一种有趣的波动现象。如图 3.5 所示，当一列波穿过一个小孔（孔的半径必须足够小）时，在下面的底片上能够拍到同心圆图案。无论用电子束还是光，都能观测到这种现象。

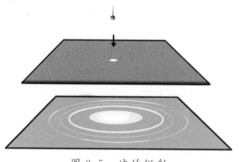

图 3.5　波的衍射

3.3　光的波粒二象性

地球上绝大部分的物理、化学现象，都是电子和光子（或电磁场）相互作用的结果。电子是作为粒子被发现的，后来证明了它也是波。光本来被证明是电磁波，后来发现它也是粒子。

与所有的粒子一样，光子的动量和能量也与波长和频率相关，公式[3.3]和公式[3.4]对其同样适用。

光电效应实验导致了光子的发现。光电效应是指通过光照使电子从材料中释放出来,一般采用金属材料并将其放在真空中,这样释放出的电子就可以被探测到。当时有一个现象让人们百思不得其解:对于一种给定的材料,光的频率必须超过某一个值,才会有光电效应,否则光照强度再高也没有用。

爱因斯坦首先指出,光的能量应该是一份一份的,并给出了公式[3.4]。一份能量就是一个光子。只有超过一定的频率,光子才有足够的能量把电子从原子中"敲"出来,使其脱离材料表面。这个假说解释了这个令人费解的现象:人们测量出来的电子的最大能量,随着频率线性增长,这一结果完全符合这个公式,如图 3.6 所示。

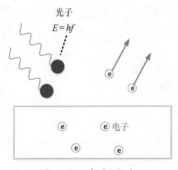

图 3.6　光电效应

量子论和相对论是现代物理学的两大支柱。大家都知道相对论是爱因斯坦创立的,而量子论则有很多开创者,爱因斯坦也是其中之一。著名的迈克尔逊-莫雷实验,证明了宇宙中不存在绝对静止的东西,基于这个实验结果,爱因斯坦经过缜密的思考,创立了相对论。量子世界的奥秘,是由很多实验逐步揭开的。绝顶聪明的爱因斯坦也不能一个人把所有问题都想明白。不过,爱因斯坦没有因为相对论获得诺贝尔奖,却因光电效应理论于 1921 年荣获该奖项。

光把电子从原子里面"敲"出来，这类物理现象有着广泛的应用。当电子脱离材料的表面时，一般称为光电效应；当电子留在材料内部变成电流时，通常叫作光伏效应。太阳能电池就是光伏效应在实际生活中的应用。当你用手机拍照时，是否想过拍照的原理是什么，这也是同样的物理效应。光电/光伏效应的产生都需要光线具有足够的频率，最低频率取决于具体的材料。你手机中的照相传感器对太低的频率没有反应，并不能分辨颜色，想要拍出彩色照片，还要另想办法。

每个光子的能量正比于频率，所以高频率的光更容易表现出粒子性。当频率进入可见光波段时，光子的能量已经足够影响到很多物质的原子。手机通信使用的无线电波，频率只有可见光的百万分之一，一个光子产生的影响很小，需要大量光子的共同作用。这时，我们看到的就是经典电动力学所描述的波动性。做射频设计的工程师们，并不需要考虑光的粒子性。

3.4 波粒二象性和量子力学的测量

光的波粒二象性有一个重要的结论：微观粒子都是看不清楚的！

我们可以通过摄像机记录玻璃盒中的乒乓球的轨迹。摄像需要有光线，光线照在小球上，对它的运动是有影响的，但这个影响非常小，完全可以忽略。

那么能否通过显微镜和摄像机，记录玻璃盒中电子的轨迹呢？我们在第2章中讲过，盒子中的粒子，一般情况下不会有确定的位置。但如果拍一张照片，还是应该会在某一个位置上看到一个亮点的。那么，如果用摄像头连续拍照，是否会看到这个电子的轨迹呢？

光的粒子性

结论是，你看到的不是这个电子的轨迹。在宏观世界中，观测一个物体时可以不影响它的状态，但由于光的波粒二象性，当我们观测一个粒子时，一定会对它的状态产生影响。

光作为一种波，在反射和经过镜头成像的过程中，比波长小的很多细节会模糊。可见光的波长在几百纳米的范围，足够让人类看清楚生活中的物体。现代集成电路工艺需要在硅片上印制几十纳米甚至更小的电子器件，拍摄照片时就需要波长更短的紫外、深紫外激光器，而且电子的位置拍得越精确，需要使用的光源波长越短。

光源的波长越短，频率则会越高，每一个光子的能量、动量也就越大。每一张电子照片至少需要一个光子和电子接触，它们一经接触，高能量的光子就会把电子"撞"开，那么此时，我们用摄像机拍到的，不再是电子的轨迹，而是用光源不断撞击它的结果。

观测、测量改变粒子的状态，量子力学再次颠覆经典力学和传统科学的认知。

其实，观测改变粒子的状态的现象，严格地说，在宏观世界中也是存在的：拍照时光的压力对小球运动有影响；用一个卡尺测量物体的长度，难免会"蹭掉"几个原子，从而改变物体的长度；用温度计测量一个物体的温度，温度计总要吸收一点热量，从而改变被测物体的温度。我们在宏观世界中，可以想办法把这种影响降到最低，但是在微观世界中是做不到的。

3.5 中微子振荡的机制

与电子和光子一样，第 1 章和第 2 章谈到的中微子也有波粒二象性。中微子的振荡就源于它的波动性。

在 2.6 节中提到,中微子有三种类型:电子中微子、μ 中微子和 τ 中微子。物理学家喜欢把"类型"称为"味道"。

之前,中微子一直被认为和光子一样,质量为零。但实际上它们的质量非常小,现在估计是电子质量的一千万分之一。三种中微子的质量有所不同。

但是,在粒子碰撞中产生的有确定"味道"的中微子,与上面说的有确定质量的三种中微子并不相同。每一种"味道"的中微子都是这三种中微子的量子组合。

于是有趣的事情发生了,当电子"味道"的中微子在核反应堆中被制造出来时,它是三种质量不同但能量相同的中微子的组合。每一种中微子都是一个如公式[3.2]描述的那样的波。质量为零的粒子一定会以光速飞行,质量极小的中微子会接近光速。在同样的能量下,质量大一点的中微子速度稍慢,动量会小一些,波长会大一点。这些非常小的波长差异,在积累了足够长的距离后,会变成显著的相位差异。在一定的距离后,用探测器测量中微子的"味道",就会发生与 3.2 节介绍的干涉效应类似的现象,而且能够探测到那个"味道"的概率,随着位置发生周期性变化。这个周期通常在千米量级。

大亚湾的实验团队成员成功地观测到了中微子的"味道"在传播距离上的振荡,他们正在江门建设一个位于地下 700 米深的世界上最大的中微子探测器。

在经典力学中，一般用位置坐标和速度（或动量）来标定一个粒子的状态，位置和速度的初始状态一旦确定，粒子之后的运动轨迹就可以计算出来。量子力学是不允许这样标注粒子的状态的。

量子力学中一个粒子的波函数，可以分解为在不同位置的状态的混合，或者分解为处于不同动量的状态的组合，但绝不允许用位置和动量（或速度）来共同标定粒子的状态。

虽然一般情况下粒子处在不同位置上的混合状态，但不排除它可能处在一个位置相对确定，也就是位置不确定性比较小的状态，或者处在一个动量不确定性比较小的状态。位置的不确定性和动量的不确定性成反比，一种不确定性小，另一种必定大。

这种不确定性的反比关系，是由海森堡首先提出的，称为不确定性原理。掌握高等数学的读者，用傅里叶变换非常容易理解和证明这种反比关系。没有掌握高等数学的读者，需要认真阅读本章中的解释。

量子力学中，有些物理量可以同时确定，有些则不能，有清晰的数学规则来做判定。时间和能量这两个物理量也有类似于动量和位置之间的关系。

不确定性原理对这个世界有着非常确定的影响,它可以帮助我们理解原子为什么很难压缩。压缩一个原子,就意味着把它周围的电子约束在越小的空间里,它的动量的不确定性也就越大。也就是说,它的速度会有更大的分布,能量迅速提高,从而产生强大的抵抗力。因此,压缩一个原子需要极大的压力,内部"空"的原子是非常坚韧的。

类似的道理,要探索越小尺度上的物质结构,就需要越高能量的光子或者其他的粒子射线。这已经成为量子物理学的常识。

但原子毕竟是空的,在宇宙中的巨型恒星中心,一层层物质的重量压上去,是可以压垮原子,使其变成致密的中子星的。并且物质越致密,万有引力就越强,如果质量足够大而燃料耗尽,星体是有可能被无限地压缩下去成为黑洞的。

4.1 不同动量的粒子状态组合

不确定性原理是由德国物理学家海森堡在 1927 年提出的,这是让物理学家们大跌眼镜的突破。

不确定性原理的数学基础是一列有限长度的波,可以看成是一系列理想波(无穷多个周期)的叠加,如图 4.1 所示。

利用高等数学解释不确定性原理很容易。但理解起来很难,本节将会给出一个更加形象的解释。

我们在 3.1 节中讲过,一个具有固定的动量(速度)的粒子,它的波函数是一列具有固定波长的波,波长和动量成反比。你可能会问,

图 4.1　有限长度波的合成

既然不同量子态可以任意叠加组合,那么粒子的状态是不是可以由不同的动量组合呢? 当然是可以的。

图 4.2 中所示的这列波和一列无限长度的理想波很接近,但它的长度是有限的。它的波长是什么呢? 数学上可以证明,这个不太理想的波,可以看成是由无限个波长接近的波组合而成的。

那么这个粒子的状态,也可以看成是由很多不同动量的状态组合成的。

一列波的长度越短,那么它的波长的分布,也就是动量的分布就越宽。如图 4.3 所示。

学过高等数学的人,肯定可以认出这就是傅里叶变换。高等数学的推导结果也是很直观的。稍微不直观的是,一切自由的和不自由的粒子波函数,都可以看成是无限多的理想波的组合。

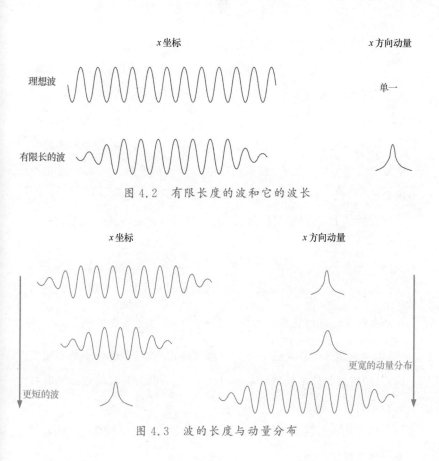

图 4.2 有限长度的波和它的波长

图 4.3 波的长度与动量分布

4.2 位置和动量之间的不确定性原理

从 4.1 节的讨论中可以看到,一个粒子的状态,**可以由不同的位置组合,或者由不同的动量组合,但不可以由位置和动量共同组合**。

上述讨论的结果与经典力学完全不同。在经典力学里,知道一个粒子的初始位置,以及初始速度,就可以计算它未来的轨迹。在量子

力学里，位置和速度是不能同时知道的。

一般情况下，一个粒子的坐标 x 不具有确定的值；但也不排除它刚好有一个很确定的值，那么在这个时候，粒子在 x 方向的动量 p_x 一定是不确定的。

一般情况下，一个粒子的动量 p_x 不具有确定的值；但也不排除它刚好有一个很确定的值，那么，在这个时候，粒子的 x 坐标一定是不确定的。

在数学上，可以证明位置 Δx 与动量的不确定性 Δp_x 成反比：

$$\Delta x \Delta p_x \geqslant \frac{h}{4\pi} = \frac{\hbar}{2} \qquad [4.1]$$

公式 $[4.1]$ 中，h 还是之前介绍过的普朗克常数。在量子力学中，你还会经常见到约化普朗克常数 $\hbar = \frac{h}{2\pi}$。普朗克常数是一个非常小的数字，虽然这个公式对一个乒乓球同样适用，但是这样小的不确定性，对于宏观物体来说是基本可以忽略的。所以，乒乓球可以同时具有确定的位置和速度。

较真的人可能会追问，Δx 和 Δp_x 是怎么定义的？数学上的它们是用均方根定义的。

不确定性原理，有时候被翻译成测不准原理，但这个翻译多少有些误导读者。粒子的位置和动量是不能同时测准的，如 3.4 节所介绍的那样，如果想要把位置测得更准，那么就必须使用波长更短的光拍照，这样每个光子的动量更大，与粒子碰撞后一定会改变粒子的动量。但关键在于，粒子本身就不可能同时具备确定的位置和动量。

动量

位置

位置分布集中则动量分布分散

4.3 原子为什么这么坚硬？

在 1.3 节中讲到，当科学家们发现原子内部是空的之后，电子为什么不掉入原子核里，成了困扰物理学家的一大难题。现在，这个难题终于可以得到解答了。

原子核的直径是原子的十万分之一，如果电子被粘到了原子核上，而不是分布在原子的整个空间里，那么它的 Δx 就只有原来的十万分之一，而且按照不确定性原理的公式[4.1]，Δp_x 就会增加到原来的十万倍。也就是说，电子可以有很高的动量，同时也可以有很高的能量，它当然可以冲得很远。所以电子云在原子中的分布，既不能全部聚集在原子核周围（那样能量太高），同时由于被原子核吸引，又不会离得太远，它有着一个自然的平衡。

地球如果不绕着太阳旋转，就会掉到太阳上去，它是靠惯性离心力来抵消太阳的吸引力的。电子可以绕着原子核旋转（有一个角动量），也可以不旋转（角动量是 0）。即使电子不绕着原子核旋转，由于上面所说的原因，它也不会掉进去，至于它旋转的时候会不会产生辐射，我们将在第 9 章中进行讨论。

电子非但不会掉入原子核里，还难以被压缩。由于公式[4.1]中的反比关系，越压缩一个原子，把电子局限在越小的空间里，里面的电子动量就越强。虚空的原子，非但不会崩塌，反而化柔为刚，坚硬无比。在地球上的各种物质中，气体可以被压缩，因为其原子、分子之间有很大的空隙。大部分固体和液体，因为它们的原子、分子之间没有什么空隙，几乎不可被压缩。人类目前完全没有能力把电子压入原子核中。

4.4 压垮原子的力量

虽然人类没有能力把电子压进原子核里面,但是宇宙中还是有更强大的力量的。一颗质量巨大的恒星,由于自身引力,导致外面的物质一层一层地压上去,其中心的压力远超人类科技所及。如果恒星的质量足够大,其中心的物质结构就会被压垮。当恒星还在燃烧的时候,其中心部分不断发生热核反应,相当于随时都有很多颗氢弹爆炸,此时它还可以撑住外部的压力。但是当热核燃料耗尽时,如果此时恒星的质量超过 10 个太阳的质量,那么就会发生一场超新星爆发,恒星的外层会炸开,中心部分会塌缩,电子就会被压入原子核中,并且和里面的质子结合成中子。超新星爆炸后,会留下一颗中子星,里面几乎是纯中子的超密物质,每立方厘米有一亿吨!

超新星爆炸是宇宙中罕见的壮观景象之一。在银河系中,过去一千年里,只有过三次人类肉眼能看见的超新星爆炸,其中有两次发生在我国宋朝。公元 1006 年的超新星是史上最亮的超新星。据《宋史》记载,亮得可以让人在夜晚读书。公元 1054 年的超新星是天文史上最有名的,有 20 多天亮得可以在白天看见,它留下了美丽的金牛座蟹状星云,里面的那颗中子星,是人类最早发现的中子星之一。

4.5 能量与时间之间的不确定性原理

在波函数[3.2]中,能量与时间的关系和动量与位置的关系很像。同样,能量和时间之间也有着一个不确定关系:

$$\Delta E \Delta t \geqslant \frac{\hbar}{2} \qquad\qquad [4.2]$$

公式[4.2]的意义：如果一个粒子状态的寿命有限，那么它的能量就不可能有一个确定的值。比如，我们之后会谈到，原子在一个高能量的状态下，会辐射出一个光子，跃迁到低能量的状态。由于这个高能量状态的寿命有限，所以它的能量有一个很窄的分布，辐射出的光子也会有一个很窄的能量和频率分布。

在一个量子系统中，随便挑出两个物理量，它们都不一定可以同时具有确定的值。量子力学建立了一套算符和矩阵的数学工具，能够告诉你这两个物理量是否可以同时具有确定的值。比如，坐标 x、y、z 之间可以同时具有确定的值，动量 p_x、p_y、p_z 之间可以同时具有确定值，x 和 p_x 之间、x 和能量 E 之间不能同时具有确定的值，但 x 和 p_y、x 和 p_z 之间可以同时具有确定的值。

在量子系统中,一个物理量一般没有确定的值,科学理论只能预测每一种测量结果的概率,但测量完成后,它的值就确定了。比如,一个粒子可能在盒子的左边或右边,如果在左边探测到了它,那么它自然就不在右边了。一个通过两条缝的粒子,它的位置是分布在一个比较宽的区域里,它随后被照相底片捕捉到了,形成了一个亮点,虽然事先不知道它会出现在哪里,只知道它在某处的一个概率,但是既然在这个位置捕捉到了它,那它自然就不会在别的地方了。

对此,哥本哈根学派的说法是:测量以后,波函数坍缩了——从充满整个空间坍缩到了最后被抓住的那个点,波函数告诉我们在那个点附近抓住这个粒子的概率。讲到这里,我们就进入了量子力学的深水区。作为一门科学,量子力学是完全自洽、没有争议的。但走进哲学层面,还是有争论和想象的空间的。

哲学是科学的前身

即使不熟悉量子力学，很多读者肯定也听说过薛定谔。现在流行的一句玩笑话是，"薛定谔的××"被用来形容是又不是、存在又不存在的东西。对薛定谔而言，这实在是冤枉。薛定谔是量子力学的奠基人，他最重要的贡献是提出了波函数的基本方程——薛定谔方程，可是现在大家只知道他的那只猫。他虽然写下了波函数的方程，却和爱因斯坦一样不相信波函数的概率解释。薛定谔的猫是他设计的一个假想实验，他恰恰是想用这个实验来说明量子力学的"是又不是"的逻辑很荒谬。

薛定谔的猫是一个科学哲学问题，哲学是允许各抒己见的。笔者也提出了自己的看法。但无论你怎么看这只猫，都不影响量子力学是自洽的、硬核的、取得了极大成功的一门科学。

5.1 科学和哲学

在进入"深水区"之前，我们先要讲讲科学和哲学的区别。

哲学是一门古老的学问。两千多年前，东方和西方的先贤们就开始通过思考和辩论来探寻真理、认识世界。那时候，我们的祖先不懂做实验，更没有掌握科学实验所需要的各种先进技术，所以有时候会轻易地得出错误的论断。

比如，古希腊的亚里士多德想当然地认为重的物体比轻的物体下落更快。这一说法后来被伽利略纠正了，伽利略为了证明这个说法是错误的，他拿着大小两个球登上了比萨斜塔，让大家看到两个球同时落地，这就是著名的自由落体实验。该实验纠正了一个流传一千八百多年的错误。与哲学只使用思辨工具不同，科学把推导和计算作为手段,把实验作为检验真理的终极标准。

如今,科学早已从哲学中分离出来,通常情况下,能够通过实验检验的问题属于科学问题,而不能够用实验来判定的则属于哲学问题。

笔者在网上做科普的时候,经常见到网友问这样的问题:力的本质是什么? 能量的本质是什么? 这些其实都不是科学问题。一个物理概念的"本质"能够通过测量来判定吗? 它们都属于科学哲学问题,即与科学密切相关的哲学问题。

但这并不意味着这样的问题不值得思考。需要注意的是,一个科学论断,对就是对,错就是错;哲学没有检验真理的终极标准,一个哲学问题可以有不同的回答,对错不重要。

5.2　测量和波函数的坍缩

现在让我们回到对波函数的讨论。以玻尔为首的哥本哈根学派,他们的说法是被大众接受的:对某个物理量进行测量后,波函数坍缩,变成了测量得到的确定值。这是一个很自然的说法,比如,当一个电子被照相底片捕捉后,它的位置被测到了,它的波函数就坍缩到了那个亮点上。

但仔细推敲这个说法,会发现它是有问题的。对粒子的测量无非是它和仪器之间的相互作用,无论是被测的粒子还是仪器中的粒子,都应该遵循同样的量子定律。电子撞到别的东西,比如,一块普通的材料或有几条缝的栅栏,波函数就不会坍缩;撞到了照相底片上,波函数就坍缩了。为什么呢? 难道就是因为后者能被人类看到吗? 物理学是对客观规律的描述,人类观察者应该不在其框架之内。哥本哈根学派对测量的定义是比较含糊、笼统的。

因为哥本哈根学派的说法在哲学层面不太令人满意,所以一直有人尝试给量子力学加以不同的解释。有的解释认为根本不存在所谓的波函数坍缩,也有很疯狂的平行宇宙理论。平行宇宙理论是一些业余科学爱好者和科幻小说家的钟爱,我们就不在这里讨论了。

哥本哈根学派的学说涉嫌暗示量子力学有主观成分,所以有些人就走向了极端,说意识是量子力学的基础。我们必须指出这是伪科学。当你看到"我们的认知崩塌了,客观世界可能不存在"这类标题时,千万别当真。一切科学的前提是,存在着独立于我们自身的客观世界和不以人的意志为转移的客观规律。

5.3 薛定谔的猫论

薛定谔的猫,在社会上经常被谈论,很多人可能听说过。本节就讲讲这只猫的故事。

先从放射性讲起。某些原子核不稳定,会衰变成另一个原子核,放射出 α、β、γ 粒子或中微子。量子力学只能计算单位时间内原子核发生衰变的振幅,预言单位时间内发生衰变的概率。在一块放射性物质中,存在大量同类的原子核在衰变,此时我们会观测到一个稳定的射线强度,但如果只有少数的原子,那我们就不知道什么时候会发生一次衰变了。

一个可能发生衰变的原子核,它的状态是两种状态的叠加,即原来的原子核和衰变后的粒子组合。随着时间的延长,衰变状态的成分比例会越来越高,直至接近 1,如图 5.1 所示。

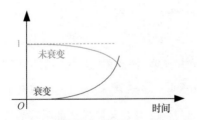

图 5.1　可能衰变的原子核的状态

薛定谔是量子力学的奠基人之一,著名的薛定谔方程的缔造者。他和爱因斯坦一样,当初也不相信微观世界的随机性和状态叠加这一套学说。他的猫论是一个假想的实验,是用来质疑哥本哈根学派的。

这个假想的实验是这样的,在一个密闭的箱子里,放入少量的放射性物质(我们不知道什么时候会发生一次衰变),再放入一个盖格计数器(这是当时的一种设备,当捕捉到放射性粒子后,会发出一声响或一个电信号),再放入一台机器(当这台机器收到盖格计数器的信号后,就会打碎一瓶毒气)。箱子里有一只猫,如果毒气瓶碎了,猫就会死。在打开箱子前,猫是不是处在活与死的叠加态? 如图 5.2 所示。

图 5.2　薛定谔的猫实验

你也许会问，可不可以在箱子里面装一个监控摄像头？不可以！问题正是在你不知道的情况下，猫的状态该怎样描述。

从纯科学的角度来看，薛定谔的问题不需要回答。反正谁也看不见，怎么描述还重要吗？如果说，箱子里是一只活猫和一只死猫的叠加，虽然感情上难以接受，但是又该怎么证明这是错误的说法呢？为了建立完整的科学世界观，这个问题还是值得探讨的。在承认这个问题可以有不同答案的前提下，笔者提供一个回答。

箱子打开前，猫存在活和死两种可能性，但不是两种状态的量子叠加。量子叠加不是两种可能性的简单组合。在 3.2 节中讨论过的双缝干涉实验中，一个穿过双缝的电子，它的状态是通过两条缝的波的叠加，这种叠加是含有相位的振幅的叠加。如果尝试观察电子通过哪一条缝，那么势必产生严重的后果：干涉现象将不会出现。如果在这个箱子里放一个监控摄像头，那么既不会改变猫的命运，也不会产生任何严重的物理后果。这是本质的差别。不仅科学家可以做观察者，猫也可以做观察者。

据说，虽然哥本哈根学派的标准答案是活猫和死猫的叠加，但是玻尔本人并不相信这种说法。波函数从猫死了甚至从盖格计数器发出信号那一刻起就坍缩了。不仅人类，甚至猫、盖格计数器都是观测者。人类的意识不是量子力学的基础！

不过，盖格计数器怎样造成了波函数的坍缩，目前物理学还给不出系统的、科学的证明。虽然在科学和哲学交汇的地方，量子力学还不够完整，但是这并不妨碍它在原子物理、化学、材料科学、半导体等领域所取得的巨大成就，它的纯科学部分是没有争议的。

　　力学是研究一个系统在受力的情况下是怎样改变状态的,但当你翻开量子力学的教科书,会发现找不到粒子的受力分析,和你中学时代学的力学完全不一样。可以说,量子力学是一门不承认力的"力学"。

　　为什么会这样?让我们回忆一下牛顿第二定律,力的效果是改变物体的速度,带来加速度。量子力学中的粒子根本没有确定的速度,加速度也就无从谈起。所以受力是一个宏观世界的现象,在微观世界里,力这个概念并没有什么用。在量子力学中,"相互作用"这个词取代了"受力",相互作用会改变粒子的波函数,它的效果远比改变速度要复杂。

　　本章将首先简单地介绍量子力学是怎样描述电磁的相互作用的。地球上绝大部分物理、化学现象,都是原子中的电子与电磁场或光子相互作用的结果。描述粒子和电磁场的相互作用,是量子力学的首要任务。至于电磁相互作用辐射出光子的过程,属于量子场论的研究范围,我们留在以后讨论。

　　经典的电磁学中,用电场强度和磁场强度这两个物理参数来描述电磁场，带电粒子在电磁场中受到的力与这两个场强成正比。进入量子力学薛定谔方程的，是另外两个物理量：电势和磁矢势。从这两个势是可以推算出那两个场强的，在不用高等数学的情况下解释它们的关系比较麻烦。所以本章中我们对二者的关系进行了图解。

在量子力学出现之前，物理学家们仅仅把磁矢势当作一个数学符号，并不认为它有直接的物理意义。但在量子力学中，磁矢势却直接进入了薛定谔方程，并直接作用在波函数的相位上。有一些场合的磁场强度是零，按经典物理学的认识，带电粒子将不受力，磁场应该相当于不存在；然而此时磁矢势不是零，它作用在带电粒子的波函数上产生了可观测的变化，这种变化也被实验证实了。量子力学让物理学家们重新认识了电磁场。

对电磁场的重新认识，并不仅限于微观世界。第 17 章我们将介绍宏观量子现象——超导，在那种情况下，必须用磁矢势来分析磁场。

量子力学对电磁场的重新认识，也对认识所有的相互作用产生了深刻的影响。磁矢势是有冗余的，不同的磁矢势对应着同样的物理结构，把波函数的相位在不同的位置上做相应的旋转，就可以把磁矢势的变化吸收掉。这种旋转不变性叫作规范不变性。杨振宁把规范不变性推广到了不同场分量之间的内部旋转，提出了杨-米尔斯理论。经过后来物理学家的努力，另外两种相互作用——强相互作用和弱相互作用，也纳入了使用矢量势的杨-米尔斯理论中。

6.1 从牛顿定律到薛定谔方程

什么是相互作用？按照量子力学之前的经典力学的阐释，相互作用就是力。我们在中学时学过，两个物体之间的作用力等于反作用力。我们还学过，不受力时，一个物体会保持静止状态或匀速直线运动状态；受到力时，物体就会产生加速度。

$$F = ma \qquad [6.1]$$

以上阐述的就是牛顿第二定律，它告诉我们：如果知道一个物体的受力情况，就可以知道它的加速度；如果知道它的初始位置和初始速度，就可以预测它以后的轨迹。

薛定谔方程和经典力学中的牛顿第二定律一样，是非常基本的物理学方程。一听到薛定谔的名字，更多人想到的应该是他的猫论，而不是他的方程，然而后者却重要得多。

在经典力学中，要描述一个粒子的状态，只需要位置、速度等少数几个参数；在量子力学中，粒子的状态用波函数表示，它包含粒子在所有不同位置上的概率振幅，粒子的状态有无穷多个参数。所以，量子力学的定律不可能像牛顿第二定律那样成一个简单的正比关系。要了解薛定谔方程，就必须用到高等数学，作为一本科普读物，笔者不在本书中讨论这个方程的数学形式，我们只介绍薛定谔方程的一些特性和结论。对于将来要学量子力学专业课的读者来说，或许这些讨论能够帮助你更好地理解这个方程的物理意义。

6.2 电磁场

既然受力是经典力学的核心，那么经典电磁学首先要解决的问题就是电磁场怎样产生力。经典电磁学的定律和牛顿第二定律一样简单,所有带电粒子在电场中会受到一个力,静止的带电粒子在磁场中不受力,但有速度的带电粒子在磁场中会受到一个正比于速度的力。

如图 6.1 所示,电场强度 $\vec{E}$ 是一个矢量,一个带电量为 e(正的或负的)的粒子在电场中会受到一个和 $\vec{E}$ 同方向的力,见公式[6.2]。

$$\vec{F} = e\vec{E} \qquad\qquad [6.2]$$

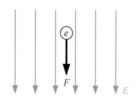

图 6.1　电场中电荷的受力

如图 6.2 所示,磁场强度 $\vec{B}$ 也是一个矢量,一个带电量为 e 的粒子,如果还有一个速度 v,那么它就会受到一个力。这个力的方向可以用中学物理老师教的左手定则①来确定。

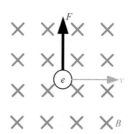

图 6.2　磁场中运动电荷的受力

① 左手定则:把左手展开,四指的方向指着电流的方向,让磁场穿入手心,此时拇指的方向就是受力的方向。

图 6.2 中 $\vec{B}$ 的方向是垂直于纸面向内,如果电荷是正的,那么受力的方向就是图中 $\vec{F}$ 的方向。用公式[6.3]写出来,是一种叫作"叉乘"的矢量乘法:

$$\vec{F} = e\,\vec{v} \times \vec{B} \qquad\qquad [6.3]$$

电场和磁场只是电磁场的两个方面,二者是可以相互转换的。你是否想过,如果一个做匀速直线运动的电荷在磁场中受力(图 6.3),你选择一个随着这个电荷一起运动的参照系,它没有了速度是不是就不受力了?

答案是在两个参照系中,电荷都受同样的力。只不过在前一个参照系中是纯磁场,在后一个参照系中是磁场加一个电场,电场会对这个电荷产生同样的力。这个话题,深入研究就涉及相对论了,这不是本书的重点。

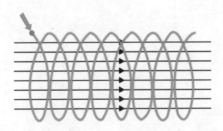

图 6.3　一个经典粒子在均匀磁场中的螺线运动

6.3　矢量势

与薛定谔方程的电磁场相关的,不是之前谈到的 $\vec{E}$ 和 $\vec{B}$,而是另外两个物理量。

在薛定谔方程中，代表电场的物理量是电势 φ，而不是电场强度 $\vec{E}$。电势是一个标量。如果用高等数学的语言来描述，电场强度 $\vec{E}$ 是电势 φ 的梯度。电势有着直接的物理意义：在电场中，带电粒子拥有势能，电场的作用力是把粒子从势能高的地方向势能低的地方推。这个势能的大小，可表示为电荷和电势的乘积 $e\varphi$。

如图 6.4(a)所示，在两块平行的间距比较近的金属板上施加一个电压 U，两块板之间会有一个均匀的电场，其外面的空间电场基本为零。电势的等高线如图 6.4(b)所示，越接近高电压一侧的金属板，电势就越高。

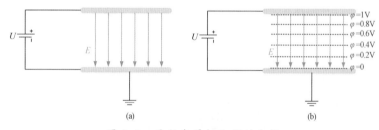

图 6.4　平行金属板之间的电场

在薛定谔方程中代表磁场的物理量，对我们而言相对陌生一些，但它也是一个"势"。电场的势是一个标量，磁场的势却是一个矢量，这个矢量叫作矢量势，通常用 $\vec{A}$ 表示。如果用高等数学的语言来描述，磁场强度 $\vec{B}$ 是矢量势 $\vec{A}$ 的旋度。

如图 6.5(a)所示，在一个通电的细长螺线管内部，有一个均匀的磁场，磁场方向垂直于纸面向内。螺线管外部的磁场强度非常小。如图 6.5(b)所示，矢量势呈环形分布，即使在螺线管外磁场强度基本为零的地方,矢量势仍然不为零,尽管它还是会随着离螺线管的距离变大而衰减。

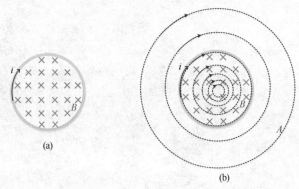

图 6.5 通电螺线管内外的磁场和矢量势

矢量势和磁场强度并不是一一对应的关系。一个磁场强度的特定分布,有无穷多组矢量势的分布和它对应。

虽然物理学家早已知道磁场的矢量势,但是并不认为它就像电场的电势一样,具有直接的物理意义,它只是一个辅助的数学符号,对计算一些问题有用。并且,相对于磁场强度 $\vec{B}$,矢量势 $\vec{A}$ 是冗余的。

6.4 矢量势在量子力学中的角色

电势和矢量势一起出现在带电粒子受电磁场作用的薛定谔方程中。在不涉及高等数学的情况下,这个方程的某些结果也是可以理解的。

比如,当一束带电粒子进入一片电势比较均匀的区域,它的波函数会增加一个因子 $e^{-2\pi i e \varphi t/h}$ 。

磁场强度和矢量势

这不难理解，在第 3 章中给出的自由粒子的波函数为：

$$\psi(x,t) = e^{2\pi i(px-Et)/h_0}$$

电势给带电粒子带来一个额外的势能 $e\varphi$，附加在它原来的能量 E 之上。所以此时粒子的波函数为：

$$\psi(x,t) = e^{2\pi i[px-(E+e\varphi)t]/h} \qquad [6.4]$$

当一束电子进入一个矢量势比较均匀的区域，并且这个矢量势的方向在 x 方向，它的波函数将会增加一个因子 $e^{2\pi ieAx/h}$。就好像这个粒子获得了一个额外的动量 eA。

$$\psi(x,t) = e^{2\pi i[(p+eA)x-(E+e\varphi)t]/h} \qquad [6.5]$$

一个在经典电动力学中找不到特殊意义的物理量 $\vec{A}$，在量子力学中却得到了简单直接的物理意义。

在爱因斯坦的相对论中，动量和能量一起组成了一个四维时空中的矢量，矢量势和电势也一起组成了一个四维时空中的矢量。

矢量势在量子力学的使用引起了争议。难道它真的有物理意义吗？当一束电子从通电的螺线管外面经过时，按照之前的想法，螺线管外面磁场强度为零，相当于不存在磁场，因为电子不受力，所以螺线管不会对电子产生任何影响。但按照新的量子力学方程来看，电子似乎会受到影响。

在物理学中，真理是靠实验来检验的。

6.5 双缝干涉实验和对力的反思

两位物理学家阿哈罗诺夫和玻姆提出做个实验来验证 6.4 节提出的理论。在 3.2 节中提到的双缝干涉实验中的两条缝之间加入一根细长的螺线管(或磁铁丝),如图 6.6 所示。

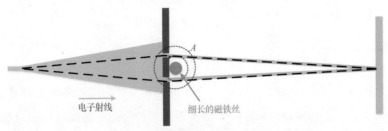

图 6.6　加入了一根磁铁丝的双缝干涉实验

透过双缝的两束电子从磁铁丝外面飞过,外面并没有磁场 $\vec{B}$,如果经典电动力学是正确的,电子并没有受到磁场的力,那么这个磁铁丝就不会对实验结果产生任何影响。

但如果量子力学是正确的,那么外面的矢量势 $\vec{A}$ 会带来可观测到的影响。在图 6.6 中,上面的那一束电子大体上顺着矢量势的方向,相位会前进得更快;下面的那一束电子大体上逆着矢量势的方向,相位会前进得更慢。二者的相位差会造成底片上干涉条纹的移动。

很快,实验结果出来了,量子力学是正确的!

直到 20 世纪八九十年代,物理学家还在不断地改进这个实验,越做越精密,对量子力学的验证,也越来越准确。

牛顿发明的"力"的概念,是经典力学的核心。物体之间的相互作用就是力,即作用力和反作用力,力能改变物体的速度。然而,在量子力学中我们发现,一个粒子可以不受力,但它还是受到了来自电磁场的作用! 矢量势的角色的发现,以及随后的实验验证,都是传统的经典力学无法解释的。**受力分析对微观世界来说,不再是非常有效的研究方法**。

6.6 规范不变性和杨-米尔斯场论

矢量势的故事，还远远没有讲完。

前面讲到，有很多组矢量势 $\vec{A}$ 的分布和同样的磁场强度 $\vec{B}$ 的分布对应。现在发现，$\vec{A}$ 是一个比 $\vec{B}$ 更基本的描述电磁场的物理量。那么这些 $\vec{A}$，对应的是相同的，还是不同的物理状态呢？

如果用这些不同的 $\vec{A}$ 去求解薛定谔方程，那么得到的波函数之间就会有简单的关联。不同的波函数的解之间仅仅有相位上的不同但并不是整体差一个相位，而是在不同的位置上可以把相位旋转不同的角度。

我们知道波函数的相位很重要，但相位本身并不能够直接被观测到。只有两个波函数的相位发生相对变化，叠加之后，才能产生可观测效果。比如，上面所说的双缝干涉实验。

在双缝干涉实验中，不同的 $\vec{A}$，产生的观测效果是完全一样的。一个电子通过双缝，最后在照相底片上的同一个点发生干涉，把这根磁铁丝围了一个圈。高等数学可以给出简单的证明：所有相同的 $\vec{A}$ 在一个环路上产生的总的相位移动是相等的。

也就是说，这些不同的矢量势，连同配套的不一样的波函数，代表的是同一个物理状态。

也就是说，带电粒子和电磁场的相互作用，在下面两种情况下，是不变的。

（1）把波函数在不同的位置上随意地进行相位旋转。

（2）把矢量势进行相应的变换，抵消上面的旋转。

　　上述变换叫作规范变换,这种不变性叫作规范不变性。物理学家把规范不变性称为一种局域不变性,因为在不同的位置上,可以对物理量进行不同的变换操作,如图 6.7 所示。

图 6.7　波函数的规范变换

　　20 世纪 50 年代,杨振宁和米尔斯一起,把规范不变性进行了推广。从对一个复数的场的相位旋转推广到在多个场之间的旋转。杨振宁提出了一种更加复杂的但非常漂亮的理论,即杨-米尔斯场论。

　　当年轻的杨振宁在普林斯顿高等研究院报告自己的研究成果时,被几个量子力学的"大佬"问得面红耳赤。他当时用这个理论来解释强相互作用的具体模型并没有成功。但这个理论框架却奠定了现代物理学的根基。20 多年后,强相互作用的理论,以及弱相互作用和电磁相互作用的统一理论都相继形成了。传播这些相互作用的场,都是杨-米尔斯理论中的规范场。

　　在 1.5 节中提到的自然界的四种相互作用,引力相互作用可由爱因斯坦的广义相对论描述,也是一种具有局域不变性的理论;另外三种相互作用,都可由杨-米尔斯场论描述。杨振宁因此成为最伟大的华人物理学家。

第
⑦
章

隧道效应

能够穿墙的道士,是宏观世界中的神话。当具有波动属性的微观粒子,拥有宏观物体所不具备的特性时,"穿墙"将不再是神话,会变为现实。隧道效应是薛定谔方程的一个重要结果。隧道效应如图 7.1 所示。

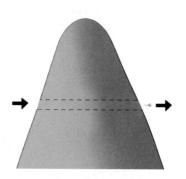

图 7.1　隧道效应

在高中物理课上,我们学过动能加势能的总能量守恒。一个小球滚上一个光滑的山坡,到了一定的高度,能量不够了,它就会停下来滚回去,就像碰到墙一样。小球的初速度不够,无论重复多少遍都翻不过那个山坡。但如果这个小球是量子的,它就有一定的机会翻过去,就像在半山腰打了一个隧道一样。这种现象被称为隧道效应。

物质中的电子处在各个原子核产生的电场中,各处的电势能高低不同,有峰有谷。它当然也符合动能加势能守恒,对于一个固定能量的电子,到达经典力学中能量不够的那个位置时,波函数不会马上消失,而是会向前渗透一段距离。既然波函数可以向电势能的山峰(术语叫势垒)里渗透,它就有可能会穿透这座山峰,也就是说,电子有一定的机会穿越过去。当然,这种穿越只能在很短的距离上发生,大约在纳米的量级。

隧道效应是很重要的。物质是由一个个原子紧密地堆积出来的,两个原子之间存在电子的势垒,有这样的穿透,电子就可以从一个原子中跳跃到另一个原子中,才可能有化学反应,也才可能有电流这样的物理现象。

隧道效应也有重要的应用。扫描隧道显微镜在现代半导体晶圆厂中不可或缺。我们手机中用来存储代码和数据的闪存芯片,就是利用隧道效应设计的。它的基本原理是把一部分电荷密封在用绝缘材料包围的空间里,以此来存储信息。如果要改写里面的数据,电子就需要穿过绝缘材料的墙,这就需要利用量子隧道效应。

7.1　能够渗透的波函数

曾几何时,物理学家们把原子想象成一个小小的太阳系,电子就像绕着太阳转动的行星。

太阳系里的行星都因被太阳吸引而绕着太阳转。八大行星的轨道都比较圆,有些小行星的轨道是椭圆形的,有时离太阳近,有时离太阳远。在轨道上运动的时候,小行星的能量是守恒的,靠近太阳的时候速度快,动能大,势能小;远离太阳的时候,动能小,势能大。对于一个特定的总能量而言,不管怎样的轨道,一颗行星离太阳的距离有一个不可超越的最大值,在这个距离上,它的动能是零。经典力学中的动能是这样定义的:

$$E = \frac{1}{2}mv^2 = \frac{p^2}{2m} \tag{7.1}$$

动能正比于速度的平方,永远是正的。

原子中的电子则不然。一个固定能量的电子离开原子核的距离并没有一个最大值。在经典力学的最大距离之外,波函数的模虽然下降很快,但是并不是马上变成零,即使离原子核很远,波函数也不是绝对的零。也就是说,电子仍然可能出现在这个距离之外,就好像它可以有负的动能似的。

如图 7.2 所示,太阳和行星之间的引力与原子核和电子之间的引力一样,都与距离的平方成反比。在简单的层面上,两种势能的分布是一样的,但行星受到的约束与电子受到的约束完全不同。

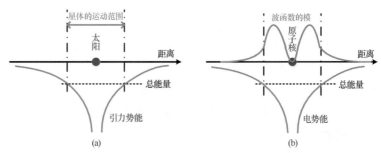

图 7.2　星体运动范围被太阳引力约束,电子则不完全被原子核约束

原子不像你儿时玩过的小珠子那样,有一个清晰的可以触摸的表面,它只有一个模糊的边界。

7.2 能够穿越的粒子

波函数既然有渗透能力,就可以穿透障碍。

如图 7.3 所示,势能像一个山坡,我们通常把它叫作势垒。地面上一个表面光滑的坡就拥有这样的势能曲线。图 7.3(a)中,一个小球从山下滚上来,如果它没有足够的初速度,也就没有足够的能量,是不能翻越这个山坡的。然而如果一个固定能量的粒子射过来,即使能量很低,它仍然有一定的概率穿过这个势垒。这种势垒穿透效应,就像在山中挖了一条隧道似的,所以被风趣地称为隧道效应。

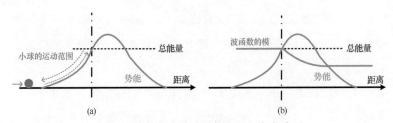

图 7.3 经典的势垒和量子的势垒穿透

势垒是一个理想化的矩形,就像一堵墙一样,但波函数仍然可以"穿墙"。为了展示波动性,我们画出波函数的实部,如图 7.4 所示。一列波从左方射过来,一列弱一些的透射波"穿墙"而过,表明粒子有一定的穿越概率。此外,还会有反射波(没有在图中画出来)。

在这个理想化的势能分布中,薛定谔方程的解很简单,墙外就是

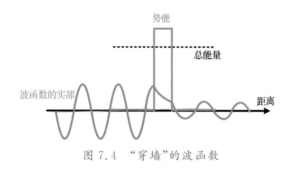

图 7.4 "穿墙"的波函数

在 3.1 节中谈到的波。在墙的内部，波函数是呈指数衰减的。这样的结果也容易理解，把 3.1 节中自由粒子的波函数与位置相关的部分提取出来，即：

$$\psi(x) = e^{2\pi ip/h} \qquad [7.2]$$

如果动量 p 是一个虚数（前面再加一个 i），那么这个波的图像就变成了一条指数衰减的曲线了，而公式[7.1]就好像给出了一个负的动能。这可以帮助我们理解薛定谔方程，为什么粒子可以穿透势垒。

注意：我们一直在说"好像"。你不能肯定地说，粒子在墙内部这个位置具有负的动能、虚的动量。因为在量子力学中，位置与动量和动能是不能同时确定的。对位置的测量影响动量和动能。当你在墙内抓住那个粒子时，它的动能就是正的。从对上述波函数的分析可知，粒子的总能量是一个确定的数，但其动能是不确定的，有一个分布状态，但动能都是正的！

波函数在墙的内部是呈指数衰减的，这就意味着如果墙变厚，穿透的概率就会迅速下降。这是所有量子隧道效应的共同特点，即它只在距离很近的时候发生,如果势垒变厚,它很快就会衰减,以至于观测不到。

7.3 波函数渗透对物质世界的影响

你也许没有意识到,这种特殊的量子效应对我们这个世界的影响有多大。

当两个原子靠近时,对于束缚在其中的电子就存在一个位于两个原子之间的电能势垒,如图 7.5 所示。

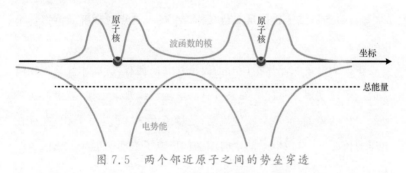

图 7.5 两个邻近原子之间的势垒穿透

但量子力学允许电子穿透到另一边,这就使两个原子在合适的条件下可以共享电子,这是一切化学反应的基础。原子之间可以通过共享电子形成分子,元素之间则可形成化合物。没有势垒穿透,就没有化学反应,就没有这个缤纷多姿的世界,也就没有被赋予生命的有机物。

在大多数固体物质中,原子是有规则且呈周期性排列的,这组成了晶体,如图 7.6 所示。

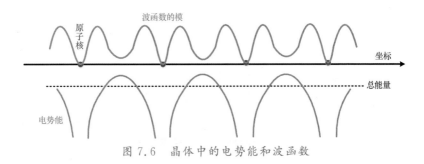

图 7.6　晶体中的电势能和波函数

此时，电子可以通过隧道效应，穿越到晶体中的任何一个原子中去。晶体中的原子与太阳系的结构不同。电子不再是某一个原子核的"私有财产"，整个物体是实行"公有制"的。这点对理解固体物理来说非常重要。

正因为电子被晶体中所有的原子核共同拥有，所以才使某些物质中的电子流动成为可能。如果所有的电子都像奴隶一样，被束缚在某个原子核的周围，就不会发生流动，是量子力学给了电子自由，在存在电压的情况下，自由电子的定向流动就形成了流动的电流。正因为有了电流，人类才得以享受现代化的生活。

上述这两个问题，我们将在第 13 章中进行更加详细的讨论。

7.4　扫描隧道显微镜

波的特点是对比波长小得多的障碍物不敏感。可见光的波长为 $0.4 \sim 0.7 \mu m$，可以帮助我们看见如细菌、细胞这样微小的生命结构。但光学显微镜做得再好，也看不到比光的波长小得多的微观结构。

后来，人们发明了电子显微镜。量子力学告诉我们，电子也是波，它的波长可以比可见光短,甚至可以比原子的尺度还小。电子显微镜的分辨率可以达到 1nm(1nm＝0.001μm),可以看到细胞的很多细节。

扫描隧道显微镜(Scanning Tunneling Microscope,STM),是另外一种电子显微镜,它利用量子隧道效应检测物体表面,其基本原理如图 7.7 所示。

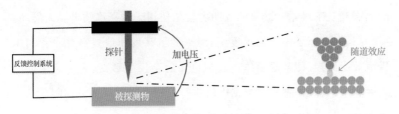

图 7.7　扫描隧道显微镜的原理

把一根非常尖的探针贴近被探测物体的表面。当探针最顶尖的那一个原子距离物体表面约 0.3～0.4nm(差不多一两个原子的直径)时,隧道效应就会发生。这时如果在探针和被探测物体之间施加一个电压,电子就会很容易地穿越过来。我们之前讲过,物体内部的电子是所有原子公有的,并不是吸引过来一个电子,对面的电子就少了一个。一个电子被吸引后,其他的电子会源源不断地补充过来,吸引过来的电子也会流走。一定的势垒穿透的概率将会导致一个稳定的电流。之前还讲过,穿透的发生对势垒的厚度非常敏感,所以这个电流对探针与物体表面的距离非常敏感。距离的微小变化,都会导致电流的极大变化。根据这一原理,扫描隧道显微镜可以探测到 0.01nm 的细微变化,是原子直径的几十分之一。这种设备第一次让人看见了物质结构在原子尺度上的细节。

扫描隧道显微镜的原理虽然能够简单地解释清楚,但是其技术实现仍然不容易，还有很多问题需要解决。

（1）只要一个空气分子飞到设备附近，就"搅局"了。因此整个设备需要抽成高真空，再冷却到超低温，让残余的空气分子都粘到真空腔的内表面上。

（2）针尖离表面的距离这么近，微小的震动就会把针尖撞坏，因此隔离震动是个难题。最早的发明者就是使用了磁悬浮技术隔离震动。

（3）在比原子还小的尺度上，怎么调节高度和位置？发明者利用压电效应原理，即某些物体在施加电压后会发生形变，来调节探针的高度和水平移动，这需要根据电流进行反馈控制。探针被控制在水平方向进行扫描，生成物体表面的图像。

扫描隧道显微镜的发明人是 IBM（国际商业机器公司）苏黎世实验室的科学家恩斯特·鲁斯卡和海因里希·罗雷尔，他们获得了 1986 年诺贝尔物理学奖。

扫描隧道显微镜第一次让人们清晰地看见了原子，读者可以在网上搜索到很多扫描隧道显微镜拍下来的图片。但是不要忘记，原子的内部，其实还是空的。你看到的图像，实际上是电势能的等高线大致对应着原子的模糊边界。

扫描隧道显微镜还在半导体行业中得到了广泛的应用。现代半导体的加工工艺高度精密，需要用能够看清楚每一个原子的仪器检查晶圆上的纳米级半导体器件。

7.5　闪存背后的量子力学

当你打开手机，欣赏着过去拍的照片时，你也许没有意识到，自己正在享受着量子力学所带来的成果。

每一部手机里都至少有两块内存和存储芯片。一块是内存的芯片,用来支持 CPU(中央处理器)的运算,它背后的技术叫作动态随机存取存储器(DRAM)。它的存储单元的原理就是我们在经典电学中熟悉的电容器的原理。

如图 7.8 所示,每一个 DRAM 的存储单元都是由一个用作开关的场效应管和一个电容器组成的。当然,它们的尺度都是纳米级的,在一块芯片上,可以有 10 亿个这样的存储单元。通过控制信号打开开关,把电容充满电,就存入了一个"1";把电完全释放,就存入了一个"0"。读取的时候,只要打开开关检测电容里的电量,电容就会完全释放电量,恢复到原来的状态。

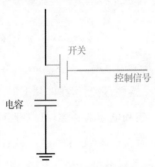

图 7.8　DRAM 存储单元

DRAM 可以快速地读写并支持 CPU 的计算,但它的电容器的电总会漏掉,导致原来的存储内容丢失。特别是场效应管开关,断开时做不到一点儿电都不漏。芯片有一个电路,每隔一段时间(通常是几十毫秒)就把内存中的内容刷新一遍,把每个存储单元的电量读出来,如果电容器里原来有电荷,就重新把它充满,这样就能解决问题了。

不过，一旦没有电了，它里面的内容几乎瞬间就完全消失了。

手机里还需要一个存储芯片，能够在关机时保持记忆。不仅拍的照片需要保存，手机的整个操作系统和应用软件都需要在关机时保存。这个存储芯片是使用闪存技术制造的，它的基本存储单元叫作浮栅（Floating Gate）场效应管，也是利用了量子力学的隧道效应，如图7.9所示。

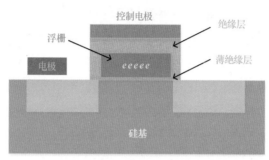

图 7.9 闪存的基本存储单元——浮栅场效应管

这个纳米尺度的小器件，是制作在硅片上的。浮栅是一小块被绝缘体包围的导电材料，它和电容器一样，可以存入一部分电荷，也可以没有电荷，两种状态分别对应于"1"和"0"。由于它被绝缘层包围，所以里面的电荷在关机时是不会漏掉的。

物质的内部都是空的，那为什么绝缘体不允许电子通过呢？量子力学关于固体物质的理论，我们将在第13章和第14章中进行详细讨论。对绝缘体最简单的解释就是，它内部电子的势能比导体里面的更高。两个导电材料中间隔着一层绝缘体，势能的分布基本和图7.4中的势垒一样，它像一堵墙，把两边的电子隔开了。所以任何绝缘材料，如果足够薄，都能被隧道效应穿透。

如果真的发生了势垒穿透,里面的内容就会丢失,这并不是我们想要的结果。在写入"1"或"0"的时候,需要通过势垒穿透把电荷注入或释放,其余的情况,我们不想让隧道效应发生。之前讲过,势垒穿透的发生对势垒的厚度非常敏感,浮栅技术就巧妙地利用了这一点。

如果在图 7.4 中的势垒两端施加一个电压,电压就会制造一个如图 6.4 中所示的电势能分布,那么叠加以后,就成为图 7.10 中所示的样子。显然,有效的势垒变薄了。这种通过电压制造的隧道效应叫作 F-N(Fowler-Nordheim)隧道效应。在施加电压后,这样的效应使浮栅可以在毫秒、微秒的时间内就释放或注入电荷;取消电压后,电荷可以存储 20 年(大部分闪存芯片的数据保持时间设计为 20 年)。

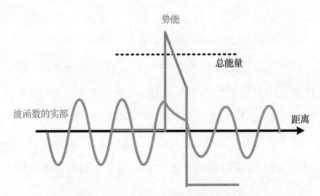

图 7.10　施加电压后的势垒穿透

场效应管的工作原理的背后也有量子力学理论的支持。我们将在第 14 章中连同浮栅场效应管的检测原理一并介绍。

现代半导体工艺的闪存技术中的绝缘层通常使用二氧化硅。在几个电极的作用下,浮栅下面的硅基底也变成了导电体。浮栅下面的绝缘层更薄，便于电子向硅基穿透。如果需要注入电子，那么就需要在控制电极的基础上加正电压，便于浮栅从硅基吸入电子；同时在下面两个电极之一中加正电压，产生电子的横向流动，部分电子与硅材料的原子碰撞向上弹出，获得一些动能帮助穿透势垒。这个过程的时间大约是几微秒，对人来说很快，但比起现代 CPU 不到 1ns 的运行周期，还是慢了很多。所以闪存被设计成很多单元（如 16kB），多个单元同时写（编程）。

如果要把浮栅内的电子释放出来，那么就需要在控制电极的基础上加负电压以排斥电子，同时在下面两个电极上加较高的正电压以吸引电子。这个过程的时间通常在 1ms 以上，比注入电子慢很多。所以闪存芯片中总是有更多的单元（如 4MB）并行释放电子。使用闪存芯片的工程师都知道，写入数据必须先擦除，就是把所有单元内浮栅中的电子都释放出来，才能编程（在某些单元中注入电子）。

闪存的读写速度比之前用磁材料制成的硬盘快 1 000 倍。笔记本电脑换成由闪存组成的固态硬盘后，开机的速度快多了，并且与体积很大的硬盘相比，闪存芯片可以小型化，方便使用。

基于量子隧道效应的闪存技术是影响世界的重大发明之一。没有它，基本上就不可能有手机产业。手机的普及和由它催生的无线互联网，彻底改变了我们的生活和整个世界！

隧道效应让电子穿越绝缘层

前面已经解释过，量子力学并不使用力的概念，但量子是什么意思呢？"量子力学"这个词，来源于英文的 Quantum，是"一份"的意思。当初发现了光的波粒二象性，意识到光的能量不可以无限分割，而是一份一份的，由此命名了量子力学，因此有人会说量子就是能量子。今天在科技领域中，人们还经常使用"量子化"这样一个词，这个词常常和量子力学并没有关系，而是指某一个量不能连续地取值，只能在一组特定的值中选择。

在量子力学中，物理量的"量子化"虽然不是绝对准则，却是非常普遍的现象。特别是能量，在很多系统中，能量可能只是一组离散的量，并没有连续的分布。本章我们将从量子力学教材中的盒子里的粒子开始，解释为什么在这种情况下粒子的能量和动量并不是任何大小都可以，而是只能取一些离散分布的特殊的值，这些特殊的能量被称为能级。如果一个粒子被看不见的弹簧牵在平衡点附近振动，它的能级就是等间距分布的,间接等于振动频率乘以普朗克常数。我们将在之后量子场论的介绍中看到,这个结果对我们理解世界有着很大的帮助。

造成能量量子化的就是微观粒子的波动性。我们熟悉的声波可以帮助我们理解这种现象:当一根琴弦的两端固定时,它只能发出一个音调,这个音调包括一个基准频率的声波(基音)和这个频率整数倍的声波(泛音)。量子力学中粒子的能量和频率成正比,所以当粒子的波被约束在一个有限的空间里时,它的能量就只能在一些特殊的能级上了。

原子中的电子的能量同样只能在一些特殊能级上,对于氢原子的能级,一个简单(但不是最准确)的解释就是把它看成环绕着原子核传播的波。当原子中的电子在不同的能级上跃迁时,会辐射或吸收光。原子能级造成的效应是,它辐射或吸收的不仅是一个个的光子,而且只能是一组特定频率的光子,这一组频率叫作光谱。原子的光谱早在量子力学出现之前就已经被发现了,量子力学给出了解释。

原子的光谱有着非常重要的应用。首先这一组谱线是原子的指纹,可以用来探测很少量、很遥远的物质成分。并且,它的频率无论何时何地都永远不变,是非常好的时间标准,可以用来做最精密的计时设备——原子钟。今天,一秒时间的定义是用金属铯原子的特征频率定义的。

8.1 盒子中的粒子

在一个一维盒子中求解薛定谔方程是量子力学教科书中的标准

内容。这虽然是一个简单的、理想化的问题，但是它的答案能够帮助我们了解量子力学的一些重要性质。

　　想象把一个粒子关在一个长度是 L 的盒子里，这个盒子由特殊材料制成，盒子内部的势能是零，盒子的墙壁是一个非常高的势垒，粒子的波函数完全无法渗透。在盒子的内表面，波函数只能是零。波函数为零的这个要求，术语叫作边界条件。在盒子的内部，粒子像一个完全自由的粒子一样，不受任何相互作用的影响。

　　盒子中粒子的波函数如图 8.1 所示。

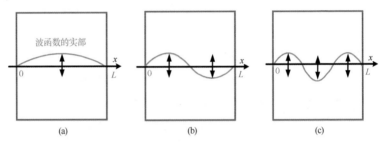

图 8.1　盒子中粒子的波函数

　　盒子中粒子的波函数是一系列上下振动但并不左右移动的波和这些波的组合。这种只上下振动而不移走的波叫作驻波。只有一系列特殊波长的波才能存在这个盒子里。盒子的长度必须是半个波长的整数倍，否则前面说的边界条件就无法满足。

　　驻波是常见的波动现象。图 8.1 所示的波形，像不像振动的琴弦？人们弹吉他时，用手指按压，把琴弦的两端固定，拨动琴弦后，它就是这样振动的。最左边的那种振动方式，琴弦等于半个波长，是基音。其他的振动方式，波长都是基音的整数分之一，频率是它的整数

倍,是泛音。基音和泛音的混合就形成了乐器的音色。控制弦长就能
改变音调。大部分乐器,从吉他、琵琶到小提琴和二胡,都是基于驻波
原理制作的。打开钢琴的盖子,可以看到里面也是一系列长度不同、
两端固定的琴弦。

需要指出的是,声波是从琴弦传到空气中后才被我们听到的。当
波动从一个介质传播到另一个介质时,频率不变,波长是会改变的。
所以,我们看到的琴弦上的波长不是声波在空气中的波长,但我们听
到的频率就是琴弦振动的频率。

奏响乐器的波动原理在量子力学中有非常重要的应用。我们在
3.1 节中讲过,粒子的动量和波长成反比。图 8.1(a)所示的波函数,
波长是盒子长度的两倍,由公式[3.3]可知,粒子的动量为:

$$p = h/2L \qquad\qquad [8.1]$$

有人可能会问:"动量是有方向的,这个粒子的动量是哪个方向的
呢?"其实该粒子有两个动量,一个向左一个向右,而且大小相等。其
他波函数中的粒子,动量都是公式[8.1]中这个最小动量的整数倍。

既然所有动量都是一个基本单位的整数倍,那么根据公式[7.1],
粒子的动能和总能量只能是一个基本单位的整数平方倍。盒子中粒
子的能量只能是一些不连续的值。

当然,现实中的盒子是三维的,有三个方向的动量,情况会稍微复
杂一些。但粒子的能量仍然只能是一些特殊的、不连续的值。

粒子的动量和能量有没有可能是零? 不可能! 如果粒子可以有
一个均匀分布的波函数,那么它的动量就是零,能量也可以是零。但
这样一个波函数并不满足之前所说的边界条件,盒子中间的粒子永远
不可能"静止"。粒子最小的动量,就是公式[8.1]所表示的那个动量,

不像乒乓球（假设盒子里有乒乓球）能以任何速度运动，盒子中的粒子的动量和能量只能是某些不连续的值。

我们回忆一下在第 4 章中讲的不确定性原理，特别是在 4.2 节中讲的位置和动量之间的不确定性原理。如果粒子的动量是零，也就是一个确定的值，那么它的位置就必须是无限不确定的，粒子就不可能被关在一个盒子里。不要以为图 8.1 中的几个波函数具有确定的动量，实际上动量的方向是不确定的。

公式［8.1］中的普朗克常数 h 非常小。如果盒子的尺寸 L 比较大，那么公式［8.1］中给出的动量、能量这些不连续的基本单元就会非常小。盒子里的乒乓球，其实也遵守量子力学的定律，但它的动量、能量的不连续太细微了，根本观察不到。

8.2 振动的粒子

盒子中的粒子虽然是一个简化的物理模型，但是它能够展现受到约束粒子的两个重要属性：能量离散化和最低能量非零。本节中的例子也是教材中常见的。

如图 8.2(a) 所示，当一个小球被连接在弹簧上，弹簧另一端固定起来。小球会有一个平衡的位置，向左移会压缩弹簧，向右移会拉伸弹簧并产生一个回复力，正比于被拉伸或压缩的长度。另一个系统有着同样的机理，就是单摆，如图 8.2(b) 所示。用一根绳子把一个小球吊起来，当小球摆起来，离开平衡位置时，重力会产生一个回复力，在摆动幅度不大的情况下，回复力同样正比于小球离开平衡位置的距离，就好像有一根看不见的线，把小球拉回到平衡位置，拉力永远正比于线的长度。

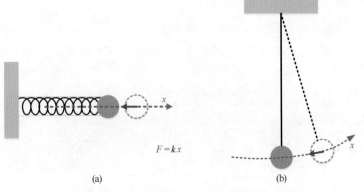

(a)　　　　　　　　　(b)

图 8.2　谐振子的例子(弹簧上的小球和单摆)

在这个系统中,回复力为:
$$F = kx \qquad\qquad [8.2]$$
这个回复力对应一个与距离平方成正比的势能,如图 8.3 所示。
$$V = \frac{1}{2}kx^2 \qquad\qquad [8.3]$$

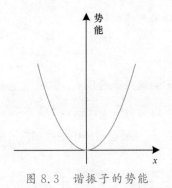

图 8.3　谐振子的势能

这类系统的特点是被碰一下以后,谐振子就会做周期性的振动,并且小球振动的频率只与系数 k 及小球的质量 m 有关。振幅大小对频率基本没有影响。在物理教科书中，小球被称为谐振子。当然，经典的谐振子的振幅可大可小，能量可以是任意值。

如果谐振子是量子的，而且这个小球也是一个微观粒子，那么会怎么样呢？如图 8.4 所示。

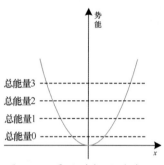

图 8.4 量子谐振子的能级

图 8.4 所示的这个系统的薛定谔方程是可以求解的。波函数并不是非常简单的函数，在这里就不做展示了。动量是连续分布的，但能量是不连续的。所有可能的能量：

$$E = \left(n + \frac{1}{2}\right)hf, n = 0, 1, 2, 3, \cdots \qquad [8.4]$$

公式 [8.4] 中，f 为谐振子的频率。如果这是个经典的谐振子，那么它将会以这个频率振动。量子谐振子不像经典的谐振子那样，有一个周期性变化的位置，但能量会带来波函数相位的周期变化，相关内容可回忆公式 [3.2]。

由于能量在很多系统中是不连续的，所以量子力学就开始使用能级这个术语。量子谐振子最低能级的能量是 $\frac{1}{2}hf$，同样不是零。零能量在这个场合意味着粒子固定在原点不动，这在量子力学中是不可能的。每向上一个能级，能量的差别都是 hf。

在量子力学中，粒子的位置一般来说都是非常不确定的，但在很多场合，能量比较确定，水往低处流的规律，在微观世界中同样适用。**粒子常常会处在最低的那个能级上。**

哪些系统像一个谐振子？

呼吸一口空气，空气中的氮和氧的分子都是由两个原子构成的。两个原子之间的距离有一个平衡点，两个原子会在这个平衡点附近振动，而这种振动能级变化是可以被观测到的。记住，总有一个最低的振动能量。两个原子之间的距离永远是模糊的，不是固定的。

在很多固体材料中，原子是被固定在晶格上的。当原子偏离了平衡位置，它的势能也近似于图 8.3 中的样子。因为晶格中原子的振动会影响附近的原子，这个问题更为复杂一些，我们将在第 13 章中进行讨论。

在谐振子中，能量变化的单位是 hf。在第 3 章中讨论波粒二象性时，给出的一列波的最小能量单位（也就是一个粒子）也是同样的形式，见公式 [3.4]。这并不是一回事，但两个能量单位的表达式完全一样，这是巧合吗？在本书第 18 章的讨论中将会看到，这不是巧合。量子谐振子这样的能级特点，对这个世界来说非常重要。

8.3 氢原子的能级

与其他受到束缚的电子一样，原子中的电子也具有不连续分布的能级。原子的能级塑造了物质世界。氢原子是最简单的原子，由一个电子和一个原子核构成。氢原子核通常就是一个质子，另外还有两种同位素氘和氚,其原子核内分别有 1 个、2 个中子。什么是同位素呢?同位素就是相同质子、不同中子的原子。因为氢原子结构简单,所以氢原子是最早被量子物理学家研究的原子。

早在薛定谔方程出现前,玻尔就提出了一个原子模型,这个模型是一个半经典半量子的模型,对理解原子中的能级仍有帮助。

卢瑟福根据实验现象提出了行星模型,按照经典力学理论,电子受原子核吸引,只能绕着原子核在一个圆形的轨道上转动。在一个给定的半径上,电子只能有一个固定的速度。学过高中物理的读者,应该知道怎样根据库仑定律和向心加速度的公式计算这个速度。但是,电子同时还是一列波,速度决定了动量,动量决定了波长。玻尔提出,一个圆形轨道的总长度,必须是波长的整数倍,否则这个波就会断掉。也就是说,电子的波是一个环形的驻波,如图 8.5 所示。

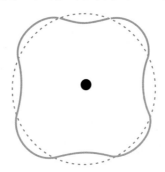

图 8.5　电子的波在一个环形的轨道(虚线)上行走,每一圈有 4 个波长

有了上述约束条件,电子的轨道半径就不再像经典力学中那样,只能是一系列不连续的值。玻尔进一步推导出氢原子中电子的能级:

$$E_n = -\frac{1}{n^2} \times 13.6\,\mathrm{eV}, n = 1,2,3,\cdots \qquad [8.5]$$

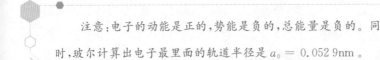

注意：电子的动能是正的，势能是负的，总能量是负的。同时，玻尔计算出电子最里面的轨道半径是 $a_0 = 0.0529$nm。

有兴趣的读者可以根据上面的原理，去查一下电子的电荷质量等几个物理常数，看看能不能复制玻尔的结果。

玻尔的模型展示了为什么波动性会造成能量的不连续。真正的波函数只能用薛定谔方程去求解。有趣的是，虽然波函数完全不是这个样子，但是玻尔的模型竟然阴差阳错地把氢原子的能级都算对了，完全解释了实验观测到的氢原子光谱。

电子的波函数当然不是固定在一个半径上的，而是从内到外都有分布。即使氢原子的薛定谔方程早已被解决，但是要真正观测这个波函数仍然是非常困难的事情。在玻尔提出原子模型 100 年后，2013年，马克斯·玻恩研究院的物理学家们，首次测量到氢原子的波函数。他们制造了一个特殊的静电显微镜，还大量使用了激光技术。

玻尔的模型还有一个错误：在最低的能级中，电子并没有一个旋转方向的动量。由于不确定性原理，所以电子即使不绕着原子核旋转，也不会掉进去。

物理教科书经常使用"轨道"这个词来代指电子在原子中的能级状态。当读到该词时，你需要懂得，这个轨道并不是一条线的路径。

 8.4 光谱

光谱指的是一个光源的强度在不同波长（或频率）上的分布。让

阳光通过一个三棱镜，会看见赤、橙、黄、绿、青、蓝、紫等颜色。我们在雨后或喷泉边上，有时会看见一道彩虹，是因为飞扬在空中的无数小水滴充当了棱镜。太阳表面的温度高达5 000多摄氏度，在这样的温度下，物质是以等离子体的形式存在的。在灼热的等离子体中，大量的自由电子发生碰撞，产生各种频率的连续光谱。

原子中的电子只能在一组固定的能级之间跳动。当原子从一个高的能级跃迁到一个低的能级时，会辐射出一个固定能量，也就是固定频率和波长的光子。当一束连续光谱的光线照射过来时，原子只能选择吸收一个固定频率的光子，从而跃迁到一个高的能级。原子的光谱是一组亮线，叫作发射谱；在连续光的背景下，与发射谱相同频率的一组暗线，叫作吸收谱。每一种原子、分子的能级都不相同，而原子的谱线就是它的"指纹"。

耀眼夺目的阳光用精密的科学仪器分析，会发现有几千条吸收线。包括氧原子、氢原子、铁原子，这些原子是太阳外大气层中的。利用光谱可以探测太阳外围有哪些原子。可以在网上找到太阳光谱的图片。

钠原子的光谱是两条很靠近的黄光谱线，这就要用到高中知识"焰色反应"。焰色反应是金属或它们的化合物在灼烧时火焰的颜色。钠灯常常被用作路灯，原理是利用钠蒸汽发出黄光。有时候你可能会注意到，红色和绿色的东西在钠灯下看上去几乎是黑色的，不像白炽灯，虽然白炽灯的灯光是黄色的，但是它的光谱是连续的，里面多少也有些红色、绿色和蓝色的成分。钠灯的光谱基本就是那两条黄线，是非常纯的黄色，照到红色的衣服上，有可能不反射。

你是否有过疑惑，那些遥远星系中的光线到达地球都需要上万年甚至上亿年,怎样测量它们的距离呢？答案就是看它们的光谱。每一种原子都有一组谱线,当宇宙中的天体离我们远去时,辐射过来的光的频率就会降低,这一组谱线会向红端移动,术语叫作红移。通过分析这组谱线的间隔,就可以辨认出这种原子。这样我们不但可以知道星体外围有什么物质,而且还能测量红移的大小,从而反推出星体离开我们的速度。按照宇宙大爆炸理论,这个速度和距离成正比,因此遥远星体的距离就是这样被推算出来的。

位于河北省兴隆县的中科院国家天文台的郭守敬望远镜,是世界上最强的光谱望远镜,获取了宇宙中大量的恒星光谱数据,如图 8.6 所示。

图 8.6 郭守敬望远镜

8.5 原子钟和计量系统

实验是检验真理的唯一标准。测量是科学实验的根基,测量需要

·

计量单位。计量单位又是怎么确定的呢？可以依靠具体的物质和物理过程来确定。

古人把一个昼夜叫作一天，就是根据自然界固有的周期性运动来计量时间的。进入工业社会后，对时间计量准确性的要求越来越高，时间开始以秒来计算。计量的方法从钟摆，也就是图 8.2 所示的单摆，到 20 世纪的石英晶体。但钟摆的振动周期和长度相关，晶体的振荡（也是一种驻波）周期同样和尺寸有关。计量标准的微小周期变化，在现代计量系统中是不允许的。在世界范围内，建立统一的时间标准一直很困难。

终于，科学家们把目光投向了原子。原子谱线的频率是普世的，不会随着地域、历史而改变。铯-133 原子被选作时间标准。它最低的两个能级靠得非常近，术语叫作超精细结构。两个能级之间的辐射是频率比可见光低得多的射频电波。现代电子设备可以很容易地计量它的周期，每个周期大约是 0.1ns。为了和原来的计时标准接近，1s 被定义为 9 192 631 770 个谱线的周期。这个标准存在的最大误差，主要来自原子的热运动，因为多普勒效应会改变射线的频率，把谱线的宽度变大。国际标准要求在绝对零度时进行测量。这个理论唯一的不确定性是高能级的寿命是有限的，按照不确定性原理，能量和辐射产生的频率有一点儿不确定，但这个误差非常小。

手机上显示的时间是基站发布的。基站使用的是 GPS（全球定位系统）的全球授时，GPS 的时间准确到纳秒，锁定在美国国家标准局的铯原子钟上。

现行的国际计量体系是米、千克、秒。相对而言，米和千克的标准容易些，毕竟可以使用一个实物。米最早被定义为赤道到两极距离的千万分之一，但这个标准并不准确，因为地球表面不是平的。后来米的标准被用特殊合金制作成一把尺子，保存在巴黎的国际计量局总部。世界各地的计量单位都需要到巴黎去校准长度标准，很不方便。到了20世纪，人们开始寻找更自然的长度标准，于是再次把目光投向了原子。

不过，既然秒已经被原子定义了，米也不需要另外再找一个原子。光速是自然界的普世常数，它之所以是特定的米/秒值，只因为是对米和秒的标准的选定。光速最终被定义为 299 792 458m/s，也就是说，1m 被定义为光在真空中于 1/299 792 458s 的时间内所传播的距离。

千克是最顽固的。千克最早被定义为 $1m^3$ 的水的质量，后来被一个标准砝码取代。巴黎国际计量总局的保险柜里保存着标准千克。国际标准化组织最后终于决定采用一个自然的千克标准，于是把目光投向了另一个自然界的普世常数。

本书多次提到的普朗克常数，是自然界最重要的常量之一，它是量子化的单位。2018 年 11 月，普朗克常数被定义为 $6.62\ 607\ 015 \times 10^{-34}\ kg \cdot m^2 \cdot s^{-1}$（焦耳·秒）。千克迎来了新的定义，该决定于 2019 年 5 月生效。

能级1

能级2

能级3

驻波现象，从音乐到量子

第⑨章 角动量和自旋

最初，人们把原子想象成一个小小的太阳系，八大行星一边环绕着太阳公转，一边自转，原子和它内部的电子在这方面和太阳系很像。不过，量子力学中的转动有着和经典力学非常不一样的规则。弄懂了量子力学的角动量概念，了解了量子角动量的诸多奇怪规则，才能够理解物理世界中的很多量子现象。请认真阅读本章的内容。

图 9.1　太阳系中行星的公转和自转

　　在物理学中,动量是和物体移动相关的物理量,角动量是和转动相关的物理量。可能有些读者对角动量印象模糊,我们将重温它的定义:角动量是一个有大小、有方向的矢量。

　　首先,量子力学的角动量是天然量子化的,它的任何一个分量都是约化普朗克常数的整数倍。因此,宏观世界的物体的角动量也一定是量子化的,只不过普朗克常数对宏观世界而言太小了,离散性根本观测不到。其次,作为一个向量,它的不同分量不能同时确定,Z 方向的分量确定了,X、Y 方向的分量就不能确定。量子的动量可以像经典的动量那样用 3 个分量标定;角动量则不可以,通常用总角动量和 Z 分量来标定。

　　以上说的是电子绕原子核转动的角动量,也叫轨道角动量。电子还有一个类似于行星自转的角动量,叫作自旋。电子是一个点,它能自转吗？然而,实验表明,它就是有一个自旋角动量。对于电子,我们只可以谈论角动量,角速度无从谈起。电子角动量的分量是普朗克常数的 $1/2$。原子核也有角动量。

　　了解了角动量后,才能更加细致地讨论原子的能级或轨道。原子的能级有着分组结构,是按照轨道角动量、轨道加自旋角动量、包括原子核在内的总角动量标定的。

　　光子也有自旋,它的自旋规则又稍有不同,它在运动方向上的角动量分量是正负 1 个单位的约化普朗克常数。在宏观层面,光子的自旋对应着光的偏振。

　　自旋的应用非常多,核磁共振利用了原子核的自旋,量子通信利用了光子的自旋传递信息,新兴的存储技术磁内存利用了电子的自旋存储信息。

9.1 经典物理复习:角动量

与动量一样,角动量也是一个很重要的物理量,它对于研究转动问题非常重要。不过很多读者可能对它了解不够,下面来具体了解一下。

一个质点或一个小物体围绕着一个中心轴旋转时,它的角动量 $\vec{J}$ 是一个矢量。角动量的方向就在转轴的方向上,由右手螺旋法则来确定。如果旋转轨道是圆形的,那么角动量的大小就等于轨道半径乘以动量,如图 9.2 所示。

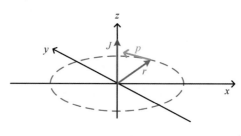

图 9.2 角动量

一般情况下,角动量的定义需要用到一个叫作叉乘的矢量运算:

$$\vec{J} = \vec{r} \times \vec{p} \qquad [9.1]$$

如果读者对叉乘不熟悉,可以用矢量的分量把公式[9.1]表示出来,比如,z 轴上的分量:

$$J_z = x p_y - y p_x \qquad [9.1.1]$$

或者:

$$J_z = r p \quad (圆形轨道) \qquad [9.1.2]$$

地球绕着太阳公转的角动量,就是按照上述方法计算的。

当一个大的物体绕着自身的一根轴旋转时,它会拥有一个自转角动量。这个角动量怎样计算呢?原理很简单,自转的角动量就是物体上所有质点的角动量的总和。具体的计算需要用到高等数学里的积分内容。积分运算的结果总是正比于物体旋转的角速度,等于角速度乘以转动惯量。转动惯量是一个与物体形状和质量分布有关的物理量。

与动量、能量一样,在不受外力或没有外部力矩的情况下,一个系统的角动量是守恒的,即不变的。花样滑冰运动员把手臂收紧到胸前会滑得更快,这是因为这样做缩小了自身的有效半径,减小了转动惯量;但角动量是守恒的,所以这导致他的角速度加快。

就算有一个外部力矩,要改变角动量也不容易。你玩过陀螺吗?如果陀螺不旋转,一旦它发生倾斜,重力的力矩马上就会扳倒它。但一个旋转的陀螺发生倾斜时,由于有了角动量,即使有同样的重力力矩,也只会让它在水平方向转动。我们看到陀螺直到转速非常小时才会倒下去。这种特殊的运动方式,即一个旋转物体的转轴发生转动,叫作进动。

你是否知道,地球在自转的同时也在进动呢?这种进动很慢,其周期大约是 25 700 年。因为地球不是正圆形的,赤道上的直径比两级直径稍微长一些,这使太阳、月亮对地球的引力有一点点不对称,所以产生了一个力矩。地球就是在这个力矩的作用下发生进动。今天的地球自转轴,是指向宇宙中的北极星的,而 12 000 年后,织女星将成为我们新的"北极星"。21 世纪初,中国考古学家在陶寺遗址发现了 13 根柱子,认为是帝尧的观象台,可这些柱子对应的日出时间和季节时令并不吻合。考古学家请教了天文学家才知道，时间过了这么久，由于地球的进动，天象早就变了。科学家们利用计算机模拟了古代一年中的太阳轨迹，才证实了我们老祖宗的伟大。

地球的进动与角动量守恒并不矛盾。当太阳的引力使地球进动的时候，也会使地球公转的轨道平面略微倾斜，公转和自转的角动量的总和是守恒的。将太阳、地球和月亮加起来，整个太阳系的总角动量也是守恒的。

9.2 量子角动量的奇怪规则

看到角动量的定义，细心的读者也许会意识到其中的麻烦：角动量是位置和动量的乘积，但位置和动量是不能够同时确定的！

是的，角动量的确定很麻烦，在它的三个分量中，任何两个都不能同时确定。作为一个矢量，角动量在 x、y、z 三个方向轴上的分量不能同时具有确定的数值，这太烧脑了！

还好，量子力学允许总角动量的平方和它的一个分量同时确定。比如，$\vec{J}^2 = J_x^2 + J_y^2 + J_z^2$ 和 J_z 可以同时确定。量子力学经常使用这两个量来标定旋转的状态。

为研究 z 轴的角动量，可参考公式[9.1.1]和公式[9.1.2]。虽然量子力学中 x 和 p_x 不能同时确定，但是 x 和 p_y 是可以同时确定的，半径和圆周方向的动量也是可以同时确定的。所以想象一列环绕在圆形轨道附近的很细的波，在量子力学里是合乎规则的，如图 9.3 所示。

图 9.3 所示的环形波就是在 8.3 节中出现过的环形驻波，周长

$2\pi r$ 必须是波长 λ 的整数倍。参考公式[3.3]和公式[9.1.2],可以推导出:

$$2\pi r = n\lambda = nh/p$$

$$J_z = rp = \frac{nh}{2\pi} = n\hbar, n = 0, \pm 1, \pm 2, \pm 3, \cdots \qquad [9.2]$$

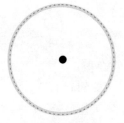 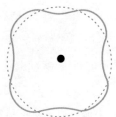

(a) 概率密度分布　　　　(b) 波函数实部在不同方向上的分布

图 9.3 一列环形的波

公式[9.2]中,$\hbar$ 为 4.2 节提到过的约化普朗克常数。这是一个非常有意思的结果,角动量的分量只能是约化普朗克常数的整数倍!约化普朗克常数是量子力学中角动量的单位,量子力学提到角动量时,通常会略去这个单位,直接说角动量是 0、1、2 等。角动量分量是整数的结果,不仅对这个特殊的环形波函数适用,还对所有的波函数适用。

在第 8 章中讨论了量子化现象。量子力学的角动量是先天量子化的。地球角动量也只能是约化普朗克常数的整数倍。然而后者只有 $1.05 \times 10^{-34}\,\text{kg} \cdot \text{m}^2/\text{s}$,宏观物体角动量的量子化则完全观测不到。但角动量的量子化却是微观系统的一个重要规范。

微观系统的每一个能级都有一个确定的总角动量。量子力学告诉我们,如果一个物理量(如角动量)是守恒的,那么它就可以和能量同时确定。这个论断似乎很神秘，但如果用量子力学的矩阵数学体系来证明它，就会很简单。

如果总角动量是 j，它的分量 j_z 不可能超过一个范围，绝对值不能比 j 大。比如，如果总角动量是 $j=1$，那么 J_z 只能有 -1、0、1 三种可能性。在量子力学中使用 $|1,-1>$、$|1,0>$、$|1,1>$ 代表这三种可能的状态。如果 $j=2$，则有 $|2,-2>$、$|2,-1>$、$|2,0>$、$|2,1>$、$|2,2>$ 五种可能性。

总角动量的叫法，实际上是打了一个马虎眼。

$\vec{J}^2 = J_x^2 + J_y^2 + J_z^2 = j(j+1)$，而不是 j^2。别忘了，当 $J_z=j$ 的时候，J_x 和 J_y 不能具有确定的值，所以它们不可能是 0。作为一个矢量的角动量，它的长度并不是 j，但是为了方便，j 还是被称为总角动量。

宇宙中并没有一个特殊的方向。上面讨论时选用的 z 轴是随意的。如果一个粒子在 $|1,1>$ 的状态时，换一个 z 轴，那么它和原来的 z 轴之间就有一个夹角 θ，此时在新的坐标系里，同样一个状态的 J_z 是什么呢？是不是想用你学过的三角函数知识，说它是 $\cos\theta$？那就错了！角动量的分量只能是整数。在新的坐标系里，这个状态是 $|1,-1>$、$|1,0>$、$|1,1>$ 三种状态的组合。

在量子力学中，角动量，即粒子的旋转状态，可以用 $|j,j_z>$、$|j,j_x>$、$|j,j_y>$ 表示，或者任选一个 z 轴来表示，但不能像在数学课中学的矢量那样，用 (j_x,j_y,j_z) 来表示！

9.3 角动量和原子的能级

角动量的知识学完以后，我们可以更加清晰地解释原子的能级。

根据玻尔的原子模型推导出的氢原子的能级公式：

$$E_n = -\frac{1}{n^2} \times 13.6\,\mathrm{eV}, n = 1, 2, 3, \cdots$$

这个半经典的模型把氢原子的能级基本都算对了，但与完整的量子力学结果相比，它在角动量方面则完全不正确。

最低的一个能级只有一种可能的角动量，即 0。本书之前解释过，电子即使不围绕原子核旋转，它也不会掉进去。这个"轨道"被称为 1s。

第二个能级有两种可能的角动量，即 0 和 1，这两个轨道分别被称为 2s 和 2p，它们的能量并不完全相等，在氢原子中，后者只稍微高一点点。在别的原子中，差别则较大。

第三个能级有三种可能的角动量，即 0、1 和 2，这三个轨道分别被称为 3s、3p 和 3d。

第四个能级有四种可能的角动量，即 0、1、2 和 3，这四个轨道分别被称为 4s、4p、4d 和 4f。

依此类推，电子的能级如图 9.4 所示。

$n=3$　　　　　　　　　　3d
　　　　　　　　　　　　3p
　　　　　　　　　　　　3s

$n=2$　　　　　　　　　　2p
　　　　　　　　　　　　2s

$n=1$　　　　　　　　　　1s

图 9.4　原子中电子的能级

你会经常在相关的书籍中看到这些轨道的名字。

9.4 自旋

电子围绕原子核旋转的角动量，在量子力学中被称为轨道角动量。再次声明，"轨道"在这里只是一个借用的词汇，不是一条线的轨道。与太阳系中的行星一样，电子也有自转，术语叫自旋。

基本粒子（如电子）是一个点，也就是说，半径是0。一个点怎么旋转？依据公式[9.1]可知，任何半径是0的物体，其角动量只能是0！然而，电子只有一个自旋角动量。并且，电子的角动量不是整数，而是1/2。每一种粒子都有一个固定的自旋角总动量，粒子不像陀螺那样，既可以转得快一些，也可以转得慢一些。

看到这里有人会说，怎么可以随意偷换概念、修改规则呢！物理观测表明，原子中电子的轨道角动量不是守恒的，只有轨道角动量和这样一个自旋角动量加起来才是守恒的。物理学中，角动量守恒是更高的规则。

前面证明了轨道角动量必须是整数，电子的自旋角动量却是1/2。那么会有粒子的自旋角动量是1/3、1/4的情况吗？不会，角动量只能是整数和半整数！这个论断可以用群论证明，我们在这里不再过多描述。

量子角动量的完整规则如下。

（1）如果一个量子系统的总角动量是0，那么它只有一种可能的旋转状态，即 $|0,0>$ 。

（2）如果一个量子系统的总角动量是1/2，那么它有两种可能的旋转状态，即 $|1/2,-1/2>$ 和 $|1/2,1/2>$ 。

（3）如果一个量子系统的总角动量是 1，那么它有三种可能的旋转状态，即 $|1,-1>$、$|1,0>$ 和 $|1,1>$。

（4）如果一个量子系统的总角动量是 3/2，那么它有四种可能的旋转状态，即 $|3/2,-3/2>$、$|3/2,-1/2>$、$|3/2,1/2>$ 和 $|3/2,3/2>$。

（5）如果一个量子系统的总角动量是 2，那么它有五种可能的旋转状态，即 $|2,-2>$、$|2,-1>$、$|2,0>$、$|2,1>$ 和 $|2,2>$。

你看，一切都变得和谐了。

9.5 角动量的相加

角动量的奇怪规则还没有讲完。

如果要计算一颗行星公转和自转的总角动量，那么只需要做一个简单的矢量加法。如果知道两个矢量间夹角的大小，那么总角动量的大小就知道了。量子角动量的方向是模糊的、不确定的，如果一个电子的轨道角动量是 1，处在 $|1,0>$ 的状态，自旋处在 $|1/2,1/2>$ 的状态，那么总角动量是多少呢？

答案是不确定，有 3/2 和 1/2 两种可能性，总角动量只有 Z 分量是确定的 1/2。总角动量也不是不可能确定，当一个角动量 1 和一个角动量 1/2，组合起来有 $3\times2=6$ 种不同的状态时，这 6 种状态的一些特殊组合，就是有确定总角动量（3/2 或 1/2）的状态。注意 3/2 和 1/2 两种可能性加起来，也有 6 种状态。

在原子的能级上，总角动量都是确定的。对于总角动量这样守恒的物理量，它和能量一定是可以同时确定的。这个论断虽然很神秘，但是在量子力学的矩阵数学体系中，证明它只需要一小段文字表述。

角动量是 1 的 p 轨道，因为和自旋不同的叠加方式，成了两个靠得很近的能级 $p\frac{1}{2}$ 和 $p\frac{3}{2}$。这种能级的细小分裂叫作精细结构。在 8.4 节中提到，钠原子有两条靠得很近的黄色谱线，这就是精细结构，两条黄线是钠的外层电子分别从 $3p\frac{1}{2}$ 和 $3p\frac{3}{2}$ 跃迁到 3s 时辐射出来的。就是这两个靠得很近的能级，使钠灯产生的黄光。

原子核也有自旋，在 8.5 节中提到的铯-133 原子的原子核自旋是 1/2，与最外层的处在 s 轨道上的电子两个 1/2 角动量可以组合成两个不同的总角动量 0 和 1。于是铯-133 的基态（最低的那个能级）分裂成两个靠得更近的能级，这样的分裂叫作超精细结构。因为这两个能级靠得很近，所以二者之间跃迁的辐射频率非常低，处在射频波段。两个能级跃迁的辐射频率比其他原子能级跃迁辐射出的可见光、紫外光的频率低得多，低到可以用今天的电子技术跟随并对每一个波动周期进行计数。因此，铯-133 制成的原子钟计时成了全球的时间标准。

质子和中子都由三个夸克组成，夸克的自旋是 1/2，没有轨道角动量。三个 1/2 角动量的总和有 1/2 和 3/2 两种可能性。但质子、中子的自旋都是 1/2，自旋 3/2 的状态能量更高，它们可以在粒子加速器上观测到，但它们一旦产生，马上就会衰变为质子和中子。

9.6 粒子磁矩和角动量的测量

在宏观世界中，角动量通常是通过测量角速度来推算的。在微观世界中,角速度不是一个很有用的概念,像电子的自旋,根本就没有对应的角速度。那么角动量是怎样观测的呢?

角动量观测最直接的办法是通过磁场。我们知道,一个电流圈会产生磁场,会有一个磁偶极矩、一个小电流圈和一个小磁针,并会对外部的磁场做出响应。如果电子有一个环绕原子核的轨道角动量,那么这个原子也会有一个磁偶极矩。有自旋的电子和原子核都有磁偶极矩,就像地球是一个大磁铁,磁铁南北极的方向和自转轴很接近。所有微观粒子,都有一个和角动量方向一致的磁偶极矩。

就是因为原子内部这些磁矩的互相作用,才产生了原子能级的精细结构和超精细结构,同时使总角动量不同的状态能量有所不同。

物质的内部有着无数的"小磁针"。在某些材料中,这些"小磁针"完成了自发组织,都指向同一个方向,这就是磁铁。

角动量的量子化是在实验中被发现的,这个实验是由两位德国物理学家斯特恩和盖拉赫在 1922 年完成的。

如图 9.5 所示,在非均匀的磁场中,一个小磁针会受力,北极向北拉,南极向南拉。如果磁场不均匀,那么这两个力就不会完全抵消。按磁针不同的角度,这个力可以向南或向北,并且大小会有所不同。

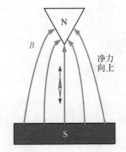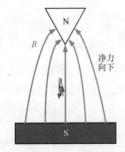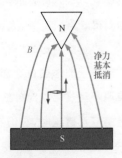

图 9.5　磁偶极矩在非均匀磁场中的受力

当一束原子穿过有垂直方向非均匀磁场的一对磁铁后,人们以为上面描述的机理会让这束原子上下散开。但没想到,磁铁把一束原子分割成了上下两束!难道原子的磁矩不能以任意角度倾斜吗?

后来人们知道,这种原子的总角动量是 1/2。磁偶极矩永远和角动量成正比,原子受到的力,只能和角动量在垂直方向的分量成正比。所以,它只有两种可能性,而且不是连续分布的。

地面上的磁针会转向地磁场的方向,这是指南针的原理。磁场会不会把粒子自旋的方向翻转过来呢? 答案是有可能。虽然有可能,但粒子的磁偶极矩是和一个角动量绑在一起的。之前讲过,改变一个角动量很不容易。因此在粒子穿过磁铁的一瞬间,基本不会发生自旋的翻转。

我们把几个实验串联起来,就更能说明问题了。让一束原子从 y 方向射出去,首先通过一对磁场在 z 方向的磁铁,一束原子被分成上下两束。在进入磁铁前,原子的 J_z 是两种状态的混合。第一对磁铁完成了对 J_z 的测量,测量改变了原子的状态(也可以说,波函数坍缩了)。上面的那一束原子的 J_z 是 1/2,下面的是 $-1/2$。

现在我们选择上面那一束原子,让它通过第二对磁场在 x 方向的磁铁。进入磁铁前,原子 J_z 是有确定数值的,但 J_x 不是确定值。通过磁铁后,原子再次被分为左右两束。

再选择右边那一束原子,让它通过第三对磁场在 z 方向的磁铁。这束电子原来的自旋都是向上的,那这一次还会向上偏吗? 不会! 这束原子经过第二对磁铁时,状态已经从自旋向上改变为自旋向右。通过第三对磁铁时,它仍然会被分为上下两束,如图9.6所示。

量子力学中的一些重要概念,如角动量的量子化、状态的叠加、测量的概率属性和对状态的改变,都被这一套实验演绎得淋漓尽致。

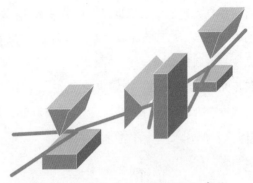

图 9.6　串联的 Stern-Gerlach 实验

9.7　光子的自旋

光子的质量是 0,自旋是 1。

原子中的电子发生能级跃迁时,会辐射出一个光子。通过观察这个过程,基于角动量守恒,就能知道光子的自旋是 1。比如,电子从 3s 轨道跃迁到 2s 轨道时不会辐射一个光子,之前的总角动量是 0,之后无论如何也不可能是 0,只能从 2p 跃迁到 2s。

质量是 0 的粒子的角动量,又有不同的规则。

对于质量是 0 的自由粒子,总可以找到一个参照系,它在其中是静止的,动量是 0。这个粒子除自旋外,自身没有其他特征方向。但质量是 0 的光子,在任何参照系中,都是以光速运动的,这是两者本质的区别。光子自身带着一个特征方向,就是它的运动方向。光子的自旋,是可以在这个方向上度量的。如果以光子运动的方向为轴,那么光子的自旋只有 $|1,-1>$ 和 $|1,1>$ 两种可能状态。对于光子来说,$|1,0>$ 的状态并不存在。这个奇怪的规则也可以通过群论推导出来。

光子的这两种自旋状态在宏观世界对应着什么呢？如果一列光波中的光子的自旋都是＋1,那么光波是左圆偏振的;如果光子的自旋是－1,那么光波是右圆偏振的。

一束圆偏振光,在空间中有一个固定的点,它的电场强度 $\vec{E}$ 是旋转的。以光线的方向为轴,左圆偏振和右圆偏振分别在左手和右手的方向旋转,如图 9.7 所示。

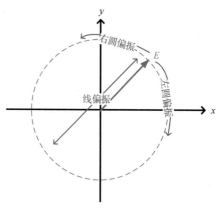

图 9.7　光线的方向垂直于纸面向外时偏振光的电场

太阳镜很可能是有偏振功能的,它把太阳光过滤成线偏振的光。在线偏振的光波中,电场强度 $\vec{E}$ 是在一条线上振荡的。线偏振的光子的状态是左圆偏振和右圆偏振的叠加。由于太阳光经过反射或大气层的散射后,会产生很大的偏振成分,所以带偏振功能的太阳镜能滤掉很多刺眼的反光,也能让蓝天看起来更蓝。

宇宙间另一种重要的相互作用是引力,目前还没有直接观测到引力子。引力子的质量也是 0,但自旋是 2,它的自旋也只有 $|2,-2>$ 和 $|2,2>$ 两种可能状态。

9.8 核磁共振

当患者跟医生抱怨膝关节不舒服时，医生通常会让患者做个核磁共振检查。核磁共振能够利用自旋形成人身体组织的三维图像，给医生提供病变的诊断信息。

只要一个原子核的角动量不为 0，它就会有一个磁矩。原子核的磁矩比电子小得多，不到电子的千分之一。所以由核磁矩引起的能级差别，比原子内部其他的能级差别小很多。

医用核磁成像所追踪的是氢原子核，也就是质子。我们身体里 60% 都是水，一个水分子里有两个氢原子，而组成我们身体的各种有机物质里都含有很多氢原子。如果探测到人体内氢原子的密度分布，就能够把人体的组织结构勾勒出来。

质子的自旋是 1/2，在一个磁场中，自旋在磁场方向上的分量只有两种可能性。这两种状态由于磁矩 $\vec{\mu}$ 和磁场强度 $\vec{B}$ 的作用，会有一个能量差 ΔE，而这个能量差对应着一个频率 f。

$$\Delta E = \vec{\mu}\,\vec{B} = hf \qquad\qquad [9.3]$$

由于能量差别非常小，室温下的原子核在两个能级上都有分布，或者说原子核的状态是两个能级的混合态。前面讲过，要通过外力改变一个粒子的角动量并不容易，但在一种情况下，外力的作用效率非常高，这种情况就是共振。

共振是一种波动现象。当外力作用的频率和一个物体自身固有的振动频率非常接近时，就可以轻易地把它"摇动"起来。

当人体进入核磁共振的设备中时，就进入了一个由超导电磁铁产生的强磁场,其磁场强度在几个特斯拉以内,静态的磁场是人感觉不到的,前提是身上不能有铁质的东西。设备会将一束细细的射频脉冲射入人的身体,而这束波的频率就是公式[9.3]中的 f。这个波段的电磁波,像 X 射线一样可以穿透人体,但频率(单个光子的能量)不到 X 射线的一亿分之一。X 射线能够打散很多原子,所以会对人体造成伤害,而这个波段的电磁波,对人体却是无害的。

一个短短的脉冲产生了共振,会让所有的氢原子核都"摇动"起来。如果外加磁场 $\vec{B}$ 在 z 轴的方向,那么脉冲结束后,原子核的状态是这样的:

$$\cos\theta \left| \frac{1}{2}, \frac{1}{2} \right\rangle + \mathrm{e}^{2\pi i f t} \sin\theta \left| \frac{1}{2}, -\frac{1}{2} \right\rangle \qquad [9.4]$$

如果回顾公式[3.2],就可以理解,当两个状态有　个能量差的时候,它们波函数的相位一定会差一个 $\mathrm{e}^{2\pi i f t}$ 的因子。

在公式[9.4]中,用 J_z 描述的这个状态,在三维空间里有一个更简单的图像,就是角动量 $\vec{J}$ 在一个半角为 θ 的锥面上进动,转动的频率仍然是 f。

如图 9.8 所示,图中角动量在特定的时刻指向一个特定的方向,意思是在这个时刻,角动量在这个方向的分量只有 1/2 的可能性。在此意义上,角动量的旋转就是之前谈到的进动。

经过一个射频脉冲的激发,人体内在传播路径上的亿万个氢原子核,都会像一个个小陀螺一样地"摇动"起来。在这样的频率上,单个光子由于能量太小无法被观测到,但这些原子核的进动是同步的。这种同步进动,会产生相同频率的射频辐射。一段时间过后,同步的进动逐渐散开,辐射消失。核磁共振设备中高灵敏度的接收电路已经把

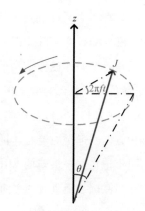

图 9.8　氢原子核角动量的进动

这个辐射信号记录下来了,这个信号包含着深度的信息。设备中的磁场分布不均匀,不同位置的 f 有所不同,所以经过数据处理,就可以再现不同深度上氢原子密度的分布情况。设备发射的射频脉冲经过一轮扫描后,就可以生成人体内的三维图像。

　　核磁共振不仅可以用来做身体检查,还可以研究分子结构,特别是蛋白质结构。影响核磁共振频率 f 的磁场强度 $\vec{B}$ 是外部磁场和原子内部磁场的总和,只有使用分辨率更高的设备,才能够看到在分子中不同位置上的同一种原子核。

　　发明这项技术的物理学家伊西多·艾萨克·拉比于 1944 年获得诺贝尔物理学奖,弗利克斯·布洛赫和爱德华·珀塞尔于 1952 年获得诺贝尔物理学奖。

9.9　用自旋来记忆的磁性存储器

7.5 节介绍了 DRAM 内存和利用量子隧道效应的闪存的原理。

本节将介绍一种新型存储技术，它同样利用了量子隧道效应，还使用自旋来存储信息，它就是磁性随机存储器（MRAM）。

MRAM 的存储单元是一个叫作磁隧道结的小结构，它是由两个薄层的铁磁材料夹着更薄的一层绝缘材料组成的。这层绝缘材料的厚度通常不到 1nm（1nm＝1×10^{-9}m），叫作隧道势垒层。在两层铁磁材料中，有一层的磁化方向永远是固定的，叫作参考层；另外一层的磁化方向是不固定的，叫作记忆层。最新的 MRAM 工艺可以制造晶格的各向异性，使材料在与晶圆表面垂直的方向上磁化。记忆层的磁化方向可以和参考层平行或反平行，分别用 0 和 1 来代表两个状态。铁磁材料磁化的方向是由多数电子自旋的方向决定的。

上述这种结构很适合用于现代集成电路工艺的生产。多层材料依次在晶圆上生长完毕后，通过一次蚀刻，就像切三明治一样，把直径在几十纳米甚至更小的磁隧道结制造出来，如图 9.9 所示。

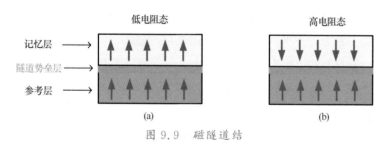

图 9.9　磁隧道结

在磁隧道结的两端加一个小电压，根据 7.5 节解释过的隧道效应原理，就会有电流穿过绝缘材料组成的势垒层。避开复杂的固体物理原理不谈，简单地说，当电子穿过势垒层后，自旋不会马上改变。如果记忆层和参考层磁化方向相同，那么多数电子会进入一个"受欢迎"的环境；反之，如果两层的磁化方向相反，那么多数电子会进入一个"不受欢迎"的环境,穿透的难度会很大。所以,后一种情况的电阻更大。隧道效应对这些因素很敏感,而且通过放大电阻差,检测和比较电阻的大小,MRAM 芯片就可以把数据读出来。

如果要修改存储的内容,那么只需要把电流加大一些。当电流把大量的电子从参考层带到记忆层时,多数电子的自旋方向和参考层一致,即使记忆层原来的自旋方向与参考层不一致,新来的电子也会改变平衡,把磁化方向翻转过来。如果施加另一个方向的电流,就会把大量电子从记忆层带到参考层,由于自旋方向和参考层相同的电子更容易穿透,即使记忆层原来的自旋方向与参考层相同,也会把磁化方向翻转过来,因为大部分这个方向的电子被抽走,改变了平衡。所以两个方向上的通电分别写 0 和 1。

与传统存储技术相比,MRAM 有很多优势。同样属于断电后能保持内容的非易失存储器,MRAM 的存取速度比闪存快得多。闪存把一些电荷利用绝缘材料封闭在一个空间内,并通过隧道效应来改写,为了防止这些电荷漏掉,绝缘层必须有足够的厚度,这就使得注入和释放电荷的速度不可能太快,注入电荷的时间在微秒级,释放的时间在毫秒级。在 MRAM 中,穿透势垒的电流可以瞬间改变磁化方向,一次写操作的时间,可以在几十纳秒以内,甚至 10ns 以内。

为了穿透势垒,闪存需要使用较高的电压进行写操作,而高电压会给绝缘材料造成疲劳,一个单元经过一千次左右的写操作后,就会被击穿而无法使用。MRAM 的寿命则长得多,甚至可以无限次地擦写。

闪存只能被制成整块读写的芯片,而 MRAM 的这两个优势,使它可以被制成随机读写的芯片,像 DRAM 一样,直接支持运算。每次手机开机都需要把软件从闪存加载到 DRAM 中后才能启动,如果用

MRAM,就不需要等待这段时间了。

MRAM 和 CPU 能被同时制作在一个芯片上,使它能有更多的应用。目前可以和 CPU 集成的内存是由半导体电路组成的静态随机存取存储器(SRAM),计算机里 CPU 的缓存(Cache)就是使用的这种技术。这种内存成本很高,并且必须保持电压才能保证内容不丢失,即使没有被使用,每一个单元也都会漏电。CPU 的功耗很大一部分是从它的缓存上面漏掉的。MRAM 中没有被读写的单元不需要通电,也就没有漏电,所以省电是它的又一大优势。

也许若干年后,MRAM 会"进入"你的手机。到那个时候,你的手机就可以瞬间开机了。

9.10 使用光子自旋的量子通信

加密是通信技术的一个重要课题。在军事应用中,加密更是一项至关重要的技术。在无线通信中,电波弥漫在空间里,任何人都可以监听。即使是有线通信,数百千米的光缆也不可能处处设防,敌人挖出一段光缆,加个探针,同样可以窃听。通信加密就是使用密钥把原来的信息进行编码,让窃听的人听不懂,但收发两端必须拥有同样的密钥,否则,接收方也无法解码。把密钥分发给可能相隔几百千米的发送和接收的设备而不被窃取,是一个新的课题。

现在最流行的技术是使用公钥和私钥的配对来分发密钥,就如2.8 节中介绍的一样,这种技术可以被未来的量子计算机破解。道高一尺魔高一丈,量子通信实际上是一种量子密钥分发技术,连量子计算机也破译不了。

之所以叫作量子通信,是因为这项技术是使用单个光子传播信息。光子是光线中的最小单位,单个光子的通信,原则上是无法监听的,中间人一旦截获它,接收者就收不到了。这种方法可以阻断通信,但不能达到收集情报的目的,自己能听到同时还不干扰到接收是不可能的。自 20 世纪 80 年代以来,激光技术及量子光学的信号处理和检测技术得到了发展,使单光子通信成为可能。

量子通信的信息载体就是光子的自旋状态。光子的自旋状态,可以由 +1 和 −1(即左圆偏振和右圆偏振两种状态)组合,也可以由垂直线偏振和水平线偏振两种状态组合。一个线偏振的光子的状态是自旋 +1 和 −1 的组合,但它仍然是一个光子。下面将要介绍的这个协议是使用线偏振进行编码的,因为处理线偏振信号更简单,内容如下。

可以选择垂直偏振代表 0,水平偏振代表 1,大家以事先商量好的频率,同时开始发送和接收。发送者随机选择一列数字发送,发射每个光子的时候,随机选择普通的坐标系或一个旋转了 45° 的坐标系,而接收者每次接收也随机选择普通的或旋转的坐标系。

那么就会有两种不同的情况:发送者和接收者选择的坐标系一样,接收者将收到一个垂直或水平偏振的光子,能够正确地接收数据;二者选择的坐标系不一样,接收者将收到一个 45° 偏振的光子,这时收到 0 和 1 的可能性是一样的,有一半可能是错的,如图 9.10所示。

发送者和接收者还需要一条普通的公共通信通道。在量子数据收发完成后,发送者把自己每一次发送时的坐标方向通知接收者;接收者把每一次的接收方向通知发送者,并标明哪些接收是成功的。如此一来,二者就能知道哪些数字被成功接收了,可以选择这些数

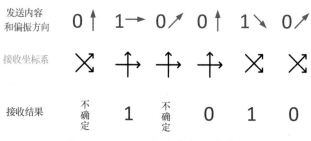

图 9.10　BB84 量子密钥分发协议

字做密钥。这些公共信道上的信息，就算被人窃听了也没关系，因为窃听者无法知道接收者收到的内容。

这个协议叫作 BB84，是以两个发明者的姓氏首字母和发明时间（1984 年）命名的。这不是一个高速、高效的数据传输方法，但却是一个很安全地分发密钥的方法。

这个协议有没有办法破解？窃听者能不能冒充接收者，把密钥从发送者那里收下，再发给接收者？不可能。因为按这个协议，发送者和接收者事先都不知道最后确定的密钥是什么，窃听者没有办法把自己收到的密钥再传给接收者。况且，一旦在规定时间内，接收者没有收到数目达到预期的光子数量，他可以在公共通道里报警。

那窃听者能否完全冒充接收者，与发送者建立加密通信通道，骗取所有的信息，之后再与接收者建立加密通道，转发所有的信息呢？很难做到。除之前提到的报警方法外，发送者和接收者还会用其他的认证机制（一些事先只有双方知道的信息），以防止假冒。

2017 年，中国的墨子号量子实验卫星成功地和中国及奥地利的地面站实现了 BB84 量子密钥分发。从地面向几百千米外的在太空中每秒移动几千米的卫星发送和接收单个光子，这是很高的技术成就。你可能会疑惑,单个光子能在大气层中走这么远吗？你能看见天上的星星,就证明多数光子能够穿过大气层从太空到达地面。BB84 协议本来也不需要每一个光子都被成功接收。

实际上,光子在光纤中反而走不了这么远。通过卫星分发密钥是个好主意。一个加密的通信系统仍然可以使用现有的地面有线和无线通信方式,只是改用卫星来分发密钥。截获卫星和地面之间的光子,谈何容易,何况截获了也没用。这样的系统既安全又不容易被干扰。

BB84 协议的两位发明人贝内特和布拉萨德在 2018 年获得了有着诺贝尔奖风向标之称的沃尔夫奖。

角动量的量子化

第 ⑩ 章

玻色子和费米子

在之前的章节中,已经讨论了很多"奇奇怪怪"的量子力学规则。量子力学最基本的规则是状态的叠加及测量的概率属性,其他规则,如不确定性原理、能量和角动量的量子化、隧道效应等,都可以在薛定谔方程和矩阵力学框架中推导出来。在了解了粒子的自旋后,我们介绍量子力学的另外一条基本规则(图 10.1)以完成量子力学的理论体系的讲述。这条规则主宰了缤纷多彩的物质世界,对宇宙的演化和现代科技也有着重要的影响。

在宏观世界中,没有两个绝对相同的东西;甚至,人不能两次踏入同一条河流。但在微观世界里,同一种粒子之间是完全没有差别、不可区分的;把两个粒子放在一起,也不能把它们各自编号、分别跟踪,这个概念叫作全同粒子。在整个系统的波函数中交换两个全同粒子,波函数将保持不变(对称),或者增加一个负号(反对称)。

量子力学的这条基本规则是:自旋为整数的粒子的波函数是交换对称的,它们叫玻色子;自旋是半整数的粒子的波函数是反对称的,它们叫费米子。电子就是费米子,波函数反对称的一个直接结果就是,

图 10.1　玻色子和费米子的原理主宰着我们的世界

原子中同一条轨道上最多容纳两个自旋反向的电子。这就是泡利不相容原理。

　　这条规则似乎很霸道,但它是实验观测的结果,对构建我们的世界也非常重要。在泡利不相容原理的规定下,原子中的电子只能从低到高依次占领各个能级;不同种类的原子中,电子的数目不同,于是就形成了不同的层级结构,不同的元素才因此有了不同的化学性质,我们的世界才能够缤纷多彩。一块物质中,海量的电子从低到高占领能级和所有的电子都涌向最低能级相比,总能量要高得多,量子力学因此产生的对物质结构的支撑能力也强得多。这个效应在我们身边的固态材料中,在宇宙天体里,都很重要。

　　铁磁性的起源也跟电子作为费米子的特性有关。波函数的反对称要求,使相邻两个原子中的自由电子更倾向于保持自旋的平行。各个电子的磁矩在平行的自旋下叠加起来,就成为我们在生活中已经熟悉的铁磁性。物质的铁磁性必须用量子力学才能够解释。

组成宇宙的基本粒子中，一类是（狭义的）物质粒子，像电子这样自旋为 1/2 的费米子；还有一类是像光子这样传播物质之间相互作用的规范粒子，是自旋为 1 的玻色子。

光子是玻色子这个概念对于我们的世界也非常重要，这样大量的光子才能聚集在同一个波函数下，成为宏观世界中的电磁波，给人类的通信带来巨大的便利。当所有的光子都聚集在一个单一频率、同样相位的状态上，就形成了激光。

在量子力学诞生前，对于电磁波的统计力学的研究表明，电磁波的每一个振动频率上都会集中同样的热能（与绝对温度成正比），但是因为电磁波的频率可以无限高，所以电磁波的总热能就变成了无穷大。这个问题困扰了物理学界很久，直到光的量子化解答了这个问题：高频下单个光子的能量变得太大，不能使用这样的规则，需要使用玻色-爱因斯坦统计。

在极度的超低温下，玻色子组成的物质还可以全部聚集在能量最低的量子态上。这叫玻色-爱因斯坦凝聚，是一种新的物质形态。

10.1 全同粒子的概念

在宏观世界中，没有任何两个东西是完全相同的。从商店里买一盒乒乓球，如果用精密的秤测量，那么每一个球的质量都会有所不同。如果用放大镜看，就会发现每个球都有不同的缺陷，可以用来做辨识特征。然而在微观世界中，同一种粒子之间是没有任何差别的。这个电子和那个电子，质量完全一样，所带的电荷完全一样，实验中从来没有看到过它们的差别，粒子的绝对相同性也是现代物理理论体系的根基。

在宏观世界中,哲学家会说人不能两次踏入同一条河流。的确,今天河里的水和昨天的水总有一些不同,但微观世界中的氢原子、铯原子无论在任何时间和任何地点都是绝对相同的,所以只有原子才可以成为时间标准的尺度。

在 3.4 节中讲到,微观粒子是无法跟踪的,跟踪它势必会改变它的状态。所以,如果有种类相同的两个粒子在一个盒子中,那么就无法对它们进行编号。就算在某一个时刻探测到它们分别在位置 x_1 和 x_2,给它们编上了号码,隔一段时间后,再次探测它们出现的位置时,也无法知道哪个是 1 号粒子,哪个是 2 号粒子。

不仅技术上不可行,量子力学的理论体系在原则上也禁止对粒子进行编号,所以只可以谈论分别在 x_1 和 x_2 探测到一个电子的概率,不能说在 x_1 看到电子 1,在 x_2 看到电子 2。

10.2 玻色子和费米子

如果系统中有两个粒子,那么它的波函数的形式应该是 $\psi(X_1, X_2)$。其中 X_1 和 X_2 分别代表两个粒子所有的坐标和自旋信息。

在 10.1 节中说了禁止对粒子进行编号,怎么又开始编号了? 没办法,一个二元函数只能要求这个波函数的两个变量可以交换,这样 X_1 和 X_2 到底代表两个粒子中的哪一个,就无关紧要了。比如:

$$\psi(X_1, X_2) = \psi(X_2, X_1)$$

但这个条件可能苛刻了一些。别忘了,波函数乘以一个固定的相位是和原来的波函数等同的,所以根据上面那个要求可修改为:

$$\psi(X_1, X_2) = \eta\psi(X_2, X_1)$$

把上面这个公式中的 X_1 和 X_2 再交换一次就换回来了，得到：

$$\psi(X_1, X_2) = \eta^2\psi(X_1, X_2)$$

从而推导出：

$$\eta^2 = 1, \eta = \pm 1$$

看来，相位有两种可能性，宇宙中也的确有两类粒子。

第一类是玻色子，它们的波函数是交换对称的：

$$\psi(X_1, X_2) = \psi(X_2, X_1) \qquad [10.1]$$

第二类是费米子，它们的波函数是交换反对称的：

$$\psi(X_1, X_2) = -\psi(X_2, X_1) \qquad [10.2]$$

上述讨论中避免了数学形式的复杂化。表达一个粒子的状态，不仅需要坐标 x、y、z，而且还需要自旋这几个变量（术语叫自由度），这里只是把它们都用一个大写的 X 代表了。需要记住，谈论交换对称性的时候，一定要把位置（或动量）、自旋等所有的状态变量都交换过来。

量子力学的一条基本规则：**所有自旋是整数的粒子都是玻色子，它们的波函数是交换对称的；所有自旋是半整数的粒子都是费米子，它们的波函数是交换反对称的！**

这是物理观测的结果，也是量子力学理论体系中的基本公设。

自然界中的基本粒子也可以分成两类。

一类是所谓（狭义）的"物质"粒子，比如，电子、中微子、夸克，它们是构成物质世界的砖石，都是自旋为 1/2 的费米子。

另一类是负责传播物质粒子之间相互作用的粒子。比如，传播电磁相互作用的光子和传播强相互作用的胶子，自旋都是 1，质量是 0；

传播弱相互作用的 W 和 Z 粒子,自旋也是 1,但它们由于希格斯机制,质量并不都是 0,希格斯粒子的自旋是 0。传播引力的引力子,它的自旋是 2。所有这些粒子都是玻色子。

对于一个复合粒子,它的总自旋决定了它是玻色子还是费米子。也就是说,如果里面有奇数个费米子,那么这个复合粒子就是费米子;如果里面有偶数个费米子,那么这个复合粒子就是玻色子。比如,质子、中子由三个夸克组成,它们是费米子。超导体中的库珀对由两个电子组成,它就是玻色子。

10.3　泡利不相容原理和原子结构

用 $\psi_n(x)$ 可代表原子的第 n 个能级或轨道的波函数,如果有两个电子处于其上,那么它们的波函数就是 $\psi_n(x_1)\psi_n(x_2)$。然而这个波函数对交换 x_1 和 x_2 却是对称的,反对称性似乎不允许两个电子处于同一个轨道上。

考虑到电子的自旋,实际情况会稍微复杂一些。如果两个电子自旋状态交换是反对称的,那么它们的总波函数仍然是反对称的。可以采用量子力学中常用的 ↑ 和 ↓ 两个符号代表自旋 $1/2$ 和 $-1/2$ 的状态,也可以用 $|\uparrow\downarrow>$ 代表电子 1 自旋 $1/2$ 和电子 2 自旋 $-1/2$ 的状态。

公式[10.3]是一个满足费米子特性公式[10.2]的波函数,它的反对称性,使两个粒子的编号失去了意义。

$$\psi_n(x_1)\psi_n(x_2)\,\frac{1}{\sqrt{2}}(|\uparrow\downarrow>-|\downarrow\uparrow>) \qquad [10.3]$$

此状态是两个电子总自旋为 0 时的状态。它们自旋的对称组合见公式[10.4]，是总自旋为 1，z 轴总自旋分量为 0 的状态。

$$\frac{1}{\sqrt{2}}(|\uparrow\downarrow> + |\downarrow\uparrow>) \qquad [10.4]$$

所以两个电子可以共同处在一个能级/轨道上，但它们的总自旋必须是 0。我们可能会在科普读物上看到，同一个轨道上的两个电子必须是反平行的。这种说法不是很准确，总自旋为 1 的电子对也可能反平行，如公式[10.4]中的状态。但这个状态，连同另外两个总自旋为 1 的状态 $|\uparrow\uparrow>$ 和 $|\downarrow\downarrow>$，都是对称的。

我们也可能在科普书里见过这样的论断：两个电子必须一个自旋向上，一个自旋向下。也许你会疑惑，原子怎么知道哪个方向是上？实际上，在这种量子状态下，随便找一个 z 轴，测量两个电子角动量的分量，都是一个向上，一个向下的。

但如果再增加一个电子，反对称性就无法满足了。一个原子的轨道上最多只能容纳两个电子。说得简单些，把自旋算进去，两个电子不能在同一个量子态上，这就是泡利不相容原理。第一次听到它的时候，你一定觉得这是一条霸道、不讲道理的规则，但它是反对称性的自然推论。

下面来看在 9.3 节中讨论的原子能级。元素周期表上的每一种元素对应着一种原子。所有原子的能级结构都和氢原子的基本一样。然而不同的原子，原子核的电荷数和外围电子的数目是不一样的。在常温下，绝大部分原子都处在最低能量的状态，但由于泡利不相容原理，电子不可能都处于最低的能级上，只能从低到高排队，从内向外地填满能量最低的轨道。

如图 10.2 所示，原子的第一组能级只有一个 1s，可以容纳两个电子。

原子的第二组能级有 2s 和 2p 两个能级。2s 可以容纳两个电子，2p 则含有三个轨道，因为它的轨道角动量是 1，z 轴分量有 1、0、−1 三个状态，一共可以容纳 6 个电子。

第三组能级中的 3d，由于轨道角动量是 2，含有 5 个轨道，可以容纳 10 个电子。

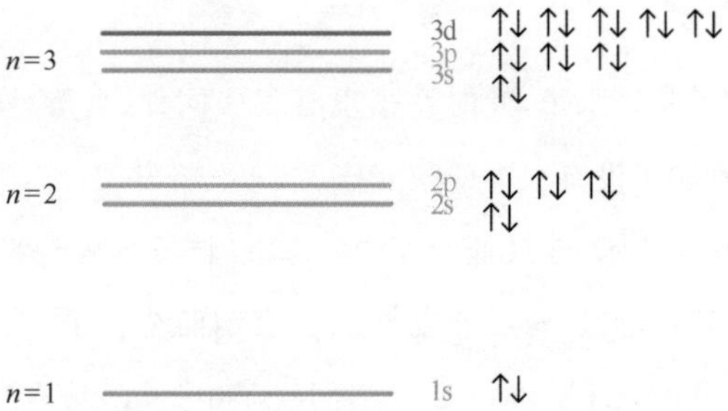

图 10.2　原子能级上的电子

每一种元素，因为电子的数目不同，所以在最低能量的常态时轨道占用的情况也不同。因为轨道占用的情况不同，所以每一种元素的化学和物理性质都不完全相同。关于这一点，本书还将在第 12 章中进一步讨论。

泡利是在研究了元素周期表和原子的光谱后，发现了这条自然界中的重要规律。

现在我们应该为这条霸道的规则庆幸，庆幸电子和所有的物质粒子都是费米子。如果电子不是费米子，那么所有的原子将类似，电子都会聚集在能量最低的 1s 能级上，元素之间也不会有化学属性的差别，我们就不会拥有现在这个五彩缤纷的世界。

10.4 "坚强"的费米气

　　回顾一下在 8.1 节中讨论的盒子中的粒子,由于粒子的波函数是一系列驻波,盒子内部形成了一系列的能级,最低能级的能量不是 0。

　　如果粒子是费米子,此时盒子里有很多同种、自旋是 1/2 的费米子,假如这些粒子没有很大的相互作用,那么将发生什么?

　　如图 10.3 所示,在最低能量的状态下,粒子将从低到高依次填满能量最低的那些能级,每一个能级只能容纳两个粒子。图 10.3 展示的是一个一维的盒子。在一个三维的盒子中,波函数在 x、y、z 三个方向都有驻波现象发生,而且三个方向的动量都是某个最小单位的整数。盒子很大的时候,能级的密度很大,能量接近且连续。但一个物体中的海量的粒子,仍然可以把能级填到可观的高度。相反,如果粒子是玻色子,那么所有的粒子都会沉积在最低的能级。这两种粒子组成的物质,在这种情况下,将会天差地别。

　　由玻色子粒子组成的物质被称为费米气。之所以说它是气体,是因为它与盒子中的空气一样,里面的粒子除不能出去外,并不受什么约束力,粒子之间的相互作用也不强。也就是说,除是费米子外,它与一般教科书中所讲的理想气体的组成是一样的。

　　然而,费米气和经典物理中的理想气体性质是不同的。如果把这个气体压缩,每一个能级上的波函数的波长都会缩短,整个系统的能量会大幅度增加。这就意味着这种气体有压强,即使在绝对零度下也有一个很大的膨胀的压强。理想气体的压强与从绝对零度起算的开

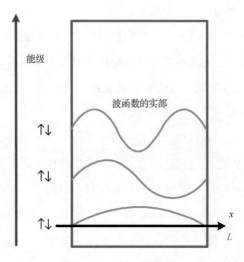

图 10.3　费米子气体

尔文温度成正比。根据经典的力学可以推断,在绝对零度下,所有的粒子都会停下来不动,自然不会有压强。压缩这种气体,它的压强的增加比理想气体快得多。这是一种很"坚强"的气体。

哪里有这种费米气?金属材料中的电子,就很接近费米气。电子之间虽然有排斥力,但是它在很大程度上被材料中原子核的吸引力中和了。在 7.3 节中解释过,当原子相互靠近时,由于隧道效应,电子可以在原子之间渗透穿梭,成为自由的电子。虽然固体的内部有气体听起来很奇怪,但是金属材料的内部就有自由电子气!

从能量的坐标看,费米气更像一个海洋,所有的粒子把最低的地方填满了。如果温度不是绝对零度,那么系统就不会在能量最低的状态下,一些粒子会跳到更高的能级上。在大多数物质中,温度对费米气的影响很小,也就是说,原来最高能量(费米能量)附近的粒子向上跳一点儿,就像海洋上泛起了浪花。

不确定性原理解释了原子为什么不容易被压缩。在大多数固体物质中,泡利不相容原理对支撑物质结构起了主要作用。费米气提供的支撑力比由不确定性原理提供的支撑力强得多。在正常的物体形态下,原子核和电子之间的吸引力平衡了电子气的压强。在这个平衡点外,靠外力进一步压缩物体几乎不可能。

在宇宙中,电子气的支撑力也有着重要的作用。大部分恒星如太阳,在燃烧殆尽后,由于中心不再有核爆炸,因此它会被万有引力压缩,最终变成一颗白矮星。太阳寿终正寝的那一天,就会被压缩得跟地球一样大。支撑白矮星的就是里面的电子气。只有质量更大的恒星才会产生更高的压强,最终变成在 4.4 节中提到的中子星或黑洞。

10.5 铁磁性的起源

中国古代的四大发明中,有一项是指南针。大自然创造了磁铁这样的物质,让人类祖先在大海中航行时,不会迷失方向。

在 9.6 节中指出,物质的内部有着无数的微小"磁针"。从原子到电子,都有磁矩。这些磁矩自发组织起来,就形成了铁磁性的物质。玻尔在攻读博士的时候就证明了一条定理:经典物理学中不会有类似磁矩这样的自发组织现象。铁磁性必须用量子力学才可以解释。

如图 10.4 所示,如果把两个小磁针并排靠近,它们会反向排列,一个磁针的南极被另一个磁针的北极吸引,北极被另一个磁针的南极吸引。普通的、经典的电磁相互作用不会把物质内的磁矩组织成在同一个方向排列的情况。

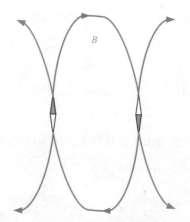

图 10.4　两个近邻磁偶极矩的相互作用

在铁磁机制中唱主角的是电子的自旋磁矩。只有原子最外层未配对的电子才可能参与铁磁作用,内层的电子都是两两反平行的,角动量和磁矩互相抵消。

假设两个靠得很近的原子的外层 n 各有一个电子,两个电子的波函数分别是 $\psi_{1n}(x)$ 和 $\psi_{2n}(x)$,按照费米子波函数的反对称规则,如果两个电子的自旋反平行(即反对称),那么它们位置部分的波函数就必须是对称的:

$$\psi_{1n}(x_1)\psi_{2n}(x_2)+\psi_{1n}(x_2)\psi_{2n}(x_1) \qquad [10.5.1]$$

反之,如果两个电子的自旋平行,那么它们位置部分的波函数就必须是反对称的:

$$\psi_{1n}(x_1)\psi_{2n}(x_2)-\psi_{1n}(x_2)\psi_{2n}(x_1) \qquad [10.5.2]$$

当两个位置重合时,反对称的位置波函数必须等于 0。公式 [10.5.2] 中的波函数在 $x_1=x_2$ 时就是 0。当两个粒子位置靠得比较近时,波函数会很小,所以在自旋平行的情况下,两个粒子自动靠近的概率会比反平行的概率小很多。由于两个带电的电子同性相斥，自旋平行状态的电势能就会比反平行低，这就使两个电子的自旋和磁矩更倾向于平行排列。

上述这种机制叫作交换力，如图 10.5 所示。它其实不是一种力，而是费米子的反对称属性，是和电子的自旋及电荷共同作用的量子效应。有些材料的交换力比之前提到的让磁矩反平行的普通电磁作用更强，这些材料就是铁磁材料。

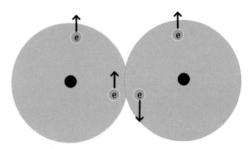

图 10.5　交换力图解

在很多铁磁材料中，交换力只是在很小的一个范围内让电子磁矩统一平行排列，这个小范围叫作磁畴。一些材料中有大量的磁畴，各个磁畴的磁化方向是杂乱的、随机的，这种结构既满足了交换力又满足了经典的电磁作用，是能量更经济的组织方式，如铁。另一些材料的晶格中有特别容易磁化的方向，成了天然磁铁。磁铁可以吸引铁是因为其外部的磁场可以迅速地统一各个磁畴的磁化方向，让铁块产生了宏观的磁矩。

10.6　玻色子和黑体辐射问题

构建物质的电子和夸克都是费米子，而传播电磁相互作用的光子则是玻色子。把图 10.3 中所示的场景改成光子，虽然边界条件和偏振的特性略有差别，但是和其他粒子一样，盒子中的光子也拥有一系列不连续的能级和对应的波动模式。不过，每一个波动模式，都可以有大量的光子。

当大量的光子集中在一个状态上，就成为宏观的电磁波。如果光子不是玻色子，就没有我们所熟悉的电磁场和电磁波，也就无法使用手机。同样，如果引力子不是玻色子，也就不会有万有引力。

如果这个盒子是用真实的材料制成的，那么在室温下，材料中的原子和电子参加热运动，就会产生电磁辐射。每一个可能的量子态上平均有多少个光子，取决于温度，这是一个统计物理学的问题。

统计物理学研究原子、分子和粒子的热运动规律，黑体辐射是其中的一个重要问题。盒子中的光子问题和黑体辐射直接相关。统计物理学中的推理如下。

当盒子在某个温度下达到热平衡时，盒子的每一个局部在每一个频率上，都是平衡的。如果盒子的内表面是黑的材料，吸收全部入射的光子，那么，此时材料辐射出来的光子的数目，一定等于入射的光子数目。所以，黑体辐射出来的光的强度、频率分布和盒子里的光子完全相同。如果盒子的材料不完全是黑的，反射一部分光，那么它辐射出来的光则会少一些。

在固定温度下的辐射只能是材料的属性。假如这块黑色材料被拿到盒子外面，加热到一定温度，此时没有和外界达到热平衡时的辐射一定和盒子中同样温度达到热平衡的辐射是完全一样的。

黑体是理想的、最强的热辐射源。太阳的光谱很接近黑体辐射，太阳的表面温度约为 5 800K。现代工程技术中需要辐射散热时，都选择黑色材料。比如，手机里很可能就有一块黑色的散热材料。相反,需要保温的设备如热水瓶,总是被涂上反光的银色。

早在人们认识光子之前,黑体辐射问题就被物理学家用经典物理学的方法研究过。从一些基本的假定出发,经典统计物理推导出一个简单的结论,对于盒子里的电磁波来说:

$$每一个波动模式上的平均能量 = k_B T \qquad [10.6]$$

公式[10.6]中,T 为从绝对零度开始计算的开氏温度,k_B 为统计物理中的一个基本常数,叫作玻尔兹曼常量:

$$k_B = 1.38 \times 10^{-23} \text{J/K} = 8.62 \times 10^{-5} \text{eV/K} \qquad [10.7]$$

盒子里的波动模式的频率从低到高有无穷多个。难道盒子里的总热能是无穷大的? 这个理论不可能是正确的,但也不知道错在哪里。这个不可能正确的理论,与实验数据相比,在频率低的部分符合得还不错,但在高频那边却是无穷大的,这就是黑体辐射的紫外发散问题。在 19 世纪末,在人们认为经典物理已经很完美的时候,黑体辐射问题和迈克尔逊-莫雷实验,被称为物理学晴朗天空中的两朵"乌云"。但就是这两片"云",分别催生了量子论和相对论。

现在我们知道,在频率较低的时候,$k_B T$ 相当于很多光子的能量,这时候经典统计物理仍然适用。当频率增高时,单个光子的能量增大,$k_B T$ 只相当于少数几个光子的能量,甚至不到一个光子的能量的时候,这时候必须使用量子的统计物理。

1900 年,普朗克猜到了电磁场的能量是一份一份的,每一份的能量是 $E = hf$(这就是第 3 章中的公式[3.4],h 为普朗克常数)。基于这个假设,他重新推导了黑体辐射的频谱,得到了与实验相符合的新公式。与实验结果对比,他确定了以他的名字命名的这个常数 h 的数值,并因此获得了 1918 年诺贝尔物理学奖。

21 世纪的元年,是量子力学的开端。

玻色子在一个能量为 E 的量子态或轨道上（把自旋等所有的因素考虑进去），温度为 T 时的平均粒子数目 n，由下面这个公式给出：

$$n = \frac{1}{e^{(E-\mu)/k_B T} - 1}$$ [10.8]

公式 [10.8] 中，μ 为一个与这个物体有关的物理量，叫作化学势。

作为对比，费米子的公式如下：

$$n = \frac{1}{e^{(E-\mu)/k_B T} + 1}$$ [10.9]

公式 [10.8] 叫作玻色-爱因斯坦分布，公式 [10.9] 叫作费米-狄拉克分布，这就是玻色子和费米子名称的由来。两个公式就差一个 $+/-$ 号，从公式中可以看出，对于费米子来说，n 永远小于 1。

玻色是印度的一位年轻物理讲师，他独立推导了这个公式后，论文得不到发表的机会。于是他把自己的研究成果寄给了爱因斯坦，得到了爱因斯坦的支持。爱因斯坦补充了这个理论，使这项研究成果得以发表，这是科学史上的一段佳话。

10.7　激光原理

在波长比较长的射频波段，人类的无线电技术可以精确地控制电磁波的波形。在一束电磁波里，所有的光子都在同一个状态上。在波长很短，靠近可见光的波段，通常不是这样。太阳和一切灼热物体发出的光，是从每一个原子、分子里面独立辐射出来的，每一个光子都有着自己的波函数。如果所有的光子都在同一个量子状态上，这束光就叫作相干光。激光就是相干光，是单一频率的相干光。

激光这种波长短而且还是纯色的性质，使它得到了广泛的应用。

因为所有的玻璃都有色差，也就是说，不同波长的光的传播速度和折射率有所不同。如果不是单色光，再好的镜头也不能把一束光聚到一个微小的点上。手机里有一块电路板，上面有很多非常小的洞用来连接电路，只有激光才能打出这样的小洞。现代集成电路芯片的制造，需要在硅片上雕刻几十纳米甚至几纳米的图案，没有激光摄影根本无法实现。在 CD 机里，光盘上的信息就是刻在表面的很多微小的点，只有激光才能通过反射把它们读出来。在激光打印机里，是激光把非常精细的图像映射到感光鼓上。华人物理学家高锟因为发明光纤通信技术获得了诺贝尔物理学奖。在光纤通信中，由于不同频率的光在玻璃纤维中的传播速度不同，一个小的光脉冲在光纤内传播一段距离后就会散开，所以只有使用激光才能实现更高的传播速率。激光还可以被聚成一束，传播很远也不会散开，可用来测距，也可用来做武器。

单色、单频率的激光是怎么产生的？我们已经知道，原子的能级是量子化的，在两个能级之间的跃迁辐射出来的光是单一频率的，但这种光的单色性能远远不够。钠灯的单色性能无法和激光相提并论，原因如下。

（1）原子有热运动。原子的运动会对光产生多普勒效应：当原子向我们移动时，我们接收到的频率变高；当原子远离我们运动时，我们接收到的频率变低。

（2）每个原子的辐射是独立的，这当然不会是相干光。每一个光子的相位、偏振方向（自旋）都不同，就算没有多普勒效应，这样的合成光也不是纯的单色光。

在原子能级跃迁的基础上，激光利用了另外一种叫作受激辐射的物理现象。如果原子中的一个电子在较高的能级上，该电子将要跌向低能级时，刚好有另外一个光子经过，并且其频率和这个原子将要辐射的光子的频率一样,那么入射的光子就会从原子中带出另一个光子,其频率、相位、自旋状态与入射的光子完全一样!这也是一种共振效应。如果材料中有很多原子在高能级,那么这个光子就能带出大量的光子从而形成一束相干光,也就是激光。激光的名字来自受激辐射,如图 10.6 所示。

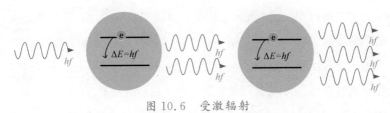

图 10.6　受激辐射

不过,受激辐射在正常情况下并不会产生激光。因为同样的光子可以被处在低能级上的电子吸收,而使电子跃迁到高的能级上。在正常的物质中,低能级上的电子肯定远远多于高能级上的电子,此时光子会被吸收而不是激发更多的光子。激光产生的条件是能级反转,即高能级上的电子远远比低能级上的多。此时,这块物质就像一座不稳定的雪山,一个小雪球滚下去,就会产生一次雪崩。

所有的激光器都必须想办法实现能级反转。

以常见的红色氦氖激光器为例,早期的激光笔都是用这种激光器制作的。这种激光器是用氦气和氖气按大约 10:1 的比例混合的。氖是发光的主角,氦是负责制造反转的。氦受到高压电击后,很多原子会跃迁到更高能量的激发态,此时氦原子和氖原子相碰撞,就会交换能量,从而把氖原子中的一个电子激发到高能级上,如 5s 能级。氦原子比氖原子多得多,所以大量的氖原子就被激发了。因为光子的自旋是 1,一个在 5s 能级上的电子,不可能向下跃迁到 4s 或 3s 能级上,只能跃迁到一个 p 型的能级上，当它跃迁到 3p 上时，就会辐射出红色的光。一旦到了 3p，它就能够进一步跃迁到 3s 这样的能级，所以 3p 能级上的电子永远不会太多，5s 和 3p 这两个能级是反转的，这就是红色氦氖激光的形成过程。

原子可以在任何方向自发辐射，激光器用两面镜子组成的谐振腔来控制方向，如图 10.7 所示。其中一面镜子能够透过少量的光。在量子的层面，这意味着光子会有很小的概率穿过这面镜子，那么大部分光子会在这两面镜子中多次反射，然后透射出去，于是这个方向的受激辐射得到放大，并且波长得到进一步的精确控制。按照第 8 章介绍的驻波原理，只有两个镜子间的距离是半波长的整数倍时，光子才可能在两个镜子间多次反射。

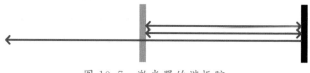

图 10.7　激光器的谐振腔

如果没有对量子力学的认识，激光技术就不会被发明出来。没有激光技术，由计算机和集成电路驱动的第三次工业革命，就不会发展得这么迅速。

10.8　玻色-爱因斯坦凝聚

把光子都集中在一个量子态上，现代技术已经做到了。如果组成物质的原子是玻色子，那么能否把它们集中在一个量子态上呢？

上述问题在理论上是可能的。玻色和爱因斯坦在提出他们的量子统计理论时，就预言：如果一个盒子里充满玻色子组成的气体，只要温度足够低，那么所有的原子都会沉积在能量最低的那个量子态上，这叫作玻色-爱因斯坦凝聚。

要实现这样的条件，非常困难。一个宏观尺度的量子系统，能级之间的差别非常小，只要一个很低的温度，就能使原子"跳"到更高的能级上。玻色-爱因斯坦凝聚需要的不是一般的低温，而是非常接近绝对零度（−273.15℃）的超低温。

况且，绝大部分物质在比绝对温度高得多时就会变成固态，不会有气体了，而气体原子间极少有相互作用。

直到 1995 年，玻色和爱因斯坦的预言才第一次在实验室里被观测到。一个研究小组使用了金属铷，在气态铷很稀薄的时候，它的蒸气就能够在绝对零度下保持气体状态。当气态铷被冷却到 170nK（1.7×10^{-7} K）时，实现了玻色-爱因斯坦凝聚。

离绝对零度只有千万分之几，这样的低温是怎么实现的？是用激光实现的。这种神奇的技术，既可以热得烧穿木板，又可以把物体冷却到前所未有的超低温！如图 10.8 所示。

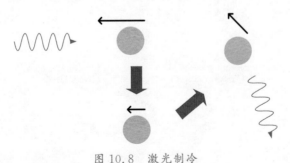

图 10.8　激光制冷

激光制冷的原理并不复杂，只需要把激光的频率调到接近可以被基态的原子吸收的状态，将电子激发到一个更高的能级上，但这个频率要比能够激发电子的频率稍微低一点。这样，原子必须迎面撞上光子，才可能吸收它。此时由于多普勒效应，原子感受到的光子频率比实验室参照系中的频率略高。原子吸收光子后，受光子的冲力影响会减速，一段时间后，原子还会跌落到基态，辐射出一个光子。受射出光子的后坐力的影响，原子还会增加一些速度，不过射出光子的方向是随机的。在循环吸收发射光子后，原子每次吸收光子都会减速，而每次发射光子都会由于后坐力获得一个随机的速度，但这些随机的速度加起来相互抵消了，再用几束激光从各个方向照射气体，经过一段时间后，气体就能冷却下来。

玻色-爱因斯坦凝聚态，现在被称为物质的第五种形态，另外四种是固态、液态、气态和等离子态。在这物质的第五种形态中，可以在宏观的尺度上观察到量子的波函数。率先实现这种状态的三位科学家埃里克·康奈尔、卡尔·维曼和沃尔夫冈·克特勒获得了 2001 年诺贝尔物理学奖。

还有一种物理现象和玻色-爱因斯坦凝聚密切相关，就是超导。本书将在第 17 章中进行详细讨论。

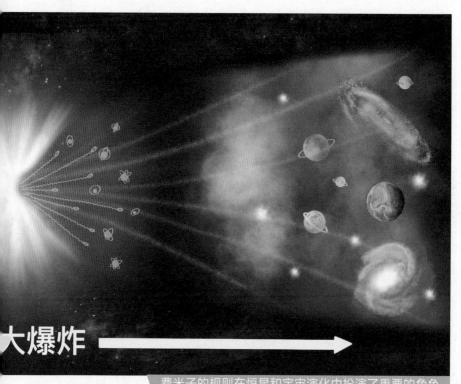

大爆炸 →

费米子的规则在恒星和宇宙演化中扮演了重要的角色

第⑪章 量子纠缠

量子力学有接近 100 年的历史，是一门非常成熟的科学。量子纠缠也不是一个新的概念，至少在 80 年前人们就已经熟知这个概念。但量子纠缠是量子力学中最难理解的现象，今天仍然是社会的热点，涉及它的哲学乃至科学层面的争论一直持续到最近。

量子纠缠的一个最常见的例子：一对电子 A 和 B 在相互作用中分开，它们处在总角动量为 0 的状态。当它们分开后，它们的角动量分量被分别测量，如果 A 的角动量是向上的，那么 B 一定向下；反之，A 如果向下，则 B 一定向上。即使 A 和 B 相隔很远，这个关系仍然不会变。这就是所谓的"纠缠"，本来没有什么奇怪的。但在量子力学中，电子的自旋原来是在一个混合的状态上，是在被测量后它的波函数才坍缩到向上或向下的状态的。于是一个必然的推论是：在我们测量 A 电子后，远在十万八千里外的电子 B 的波函数同时坍缩了，这是量子的纠缠。

这种效应被爱因斯坦称为"超距鬼魅作用"。很多业余作者的文章说量子纠缠是"超光速的"，这是不正确的。量子纠缠不违反相对论,此时电子 A 和 B 之间根本就没有任何物质、能量和信息的传输,超光速无从谈起。

尽管如此,这仍然是一件非常难理解的事情。爱因斯坦据此质疑量子力学的基本理论。他提出了局域实体性的观点,大意是我们不可能因为做了一次测量而改变一个遥远的地方的物体的物理特性。他相信,电子 A 和 B 的自旋是在二者分开时就确定了的,只不过量子系统的内部还有一些人类不可控也不了解的变量,所以在我们看来像是一个随机的过程,我们对电子 A 的测量只不过是同时发现了 A 和 B 的自旋,这就是隐形变量理论。

在很长一段时间内,这样的争论只是停留在一些物理学家的信仰层面。直到 20 世纪 60 年代,贝尔教授发现了一个定理:如果两个电子的自旋真的是在二者分开时就确定了,那么我们对它们自旋的测量的相关性会满足一些约束条件。而一些已知的量子纠缠态,是不满足这样的约束条件的。这个定理虽然解释起来有些麻烦,但一个简化的版本是可以用中学生能懂的概率理论来证明的。

有了贝尔定理,就可以通过对量子纠缠态的观测来验证或否定隐形变量理论。一代又一代更精密的实验验证了量子纠缠,2017 年,中国的墨子号卫星在上千千米的距离上验证了"超距鬼魅作用"。

对量子纠缠的研究再次确认,物理量和对它的测量不能分开,测量后物理量才会确定。局域实体性必须被放弃,"超距鬼魅作用"只能被接受。量子力学告诉我们怎样去描述微观系统,以及怎样预测对微观系统的测量结果,但这个描述是不能脱离具体的实验设置的。

⊙—⟨11.1⟩ 什么是量子纠缠？

你可能已经在一些科技媒体的报道中看到过量子纠缠这个词。量子纠缠并不是一个复杂的现象。如果一个自旋为 0 的粒子，衰变为两个自旋为 1/2 的粒子，根据角动量守恒，在大多数情况下，这两个粒子的总角动量是零。也就是说，任意选择一个 z 轴测量两个粒子的角动量，如果粒子 1 是正向的，那么粒子 2 就一定是反向的；如果粒子 1 是反向的，那么粒子 2 就一定是正向的。它们的波函数，本书在 10.3 节中给出过：

$$\frac{1}{\sqrt{2}}(|\uparrow\downarrow> - |\downarrow\uparrow>) \qquad [11.1]$$

此时，这两个粒子就处于一种纠缠的状态，如图 11.1 所示。所谓纠缠，就是两个粒子有了相关性。一个自旋正向，另一个一定是自旋反向，这就是一种关联。即使另一个粒子并不 100% 是反向的，只要另一个粒子反向的概率更大些，或者正向的概率更大些，这两个粒子就算有一些纠缠。公式[11.1]所定义的量子态代表着最强的量子纠缠。如果两个粒子没有纠缠，那么它们的测量结果是彼此独立、完全没有关联的。

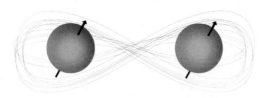

图 11.1　纠缠的粒子

两个微观粒子发生纠缠是非常普遍的现象。如果两个粒子是从一个粒子或同时从一个微观系统中产生的,那么它们自然会有纠缠。如果两个粒子发生过相互作用,那么它们同样也会纠缠。比如,两个粒子发生弹性碰撞,我们不知道它们会被弹到哪一个方向。但如果在一个方向捕捉到了粒子 1,那么就可以根据动量守恒计算出将在哪个方向捕捉到粒子 2。

量子的微观世界本来就是一个大量粒子彼此纠缠不清的世界。

当两个互相纠缠的粒子彼此距离很远的时候,是否还会有纠缠呢?在现实世界中,两个粒子通常都会与其他的粒子发生相互作用,形成新的纠缠。它们原来彼此之间的关联会变得越来越模糊。但如果它们都没有发生新的相互作用,那么这种纠缠关系就会保留,这种情况叫作长程纠缠。

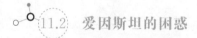

11.2　爱因斯坦的困惑

长程的量子纠缠引发了科学界的长期争议。

有人说,这有什么可争议的?把一副手套分别装到两个箱子里,其中一个箱子交给宇航员带到月球上。宇航员打开箱子,发现是一只左手的手套,他马上知道,留在地面上的是一只右手的手套。这和上面所说的粒子自旋的纠缠有什么区别?

两个发生过相互作用的粒子有着相关性或纠缠,这不是量子力学特有的现象,经典力学中同样有这样的现象。用手套这个例子来比喻,量子纠缠和经典力学的相关性的差别在于:经典力学认为,在没打开箱子前,手套是左手的还是右手的已经确定了,打开它不过是发现了一件已经确定的事情,而量子力学认为,没打开箱子前,手套处于左手右手的叠加态,宇航员打开了箱子,才确定了手套的状态,所以就在这一瞬间,远在地球上的手套状态也同时被确定了！只有量子力学,才使粒子之间的关联变成了一件很难理解的事情。

1935 年,爱因斯坦和另外两位物理学家一起发表了一篇论文,利用量子纠缠来质疑量子力学的基本原理,他们都没有提到自旋。

如图 11.2 所示,一个速度很小的粒子衰变成了两个粒子,两个粒子高速地分开。如果在很远的一个探测器上捕捉到了粒子 1,那么粒子 2 一定会出现在相对的方向上。

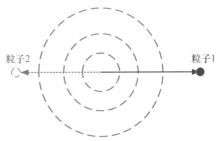

图 11.2　一个粒子衰变产生的两个粒子的动量纠缠

这在经典力学里当然没有任何问题。但是在量子力学中,事先不知道粒子 1 和粒子 2 出现在哪一个方向上。两个粒子的波函数是在各个方向基本相同但彼此关联的一个波函数。当探测器捕捉到粒子 1 时,它的波函数坍缩成了一个点,此时粒子 2 的波函数也坍缩了。哪怕两个粒子已经相距一个光年,粒子 2 的波函数也在一瞬间坍缩,比光传过去的时间要快得多。

有人说量子纠缠是超光速的信息传播,这是错误的。本节之后会进行解释,量子纠缠并不违反相对论。

爱因斯坦当然知道量子纠缠并不违反相对论,但这仍然显得非常不合理。爱因斯坦提出了局域实体性(Local Realism)的概念。

(1)对一个粒子/系统/物体的测量结果,是对它内在属性的反映(实体性),与测量过程无关。

(2)粒子/系统/物体的内在属性,是不能由外界在远距离凭空改变的(局域性),只能通过有限速度传播过去的相互作用而改变。

这两条假定,看起来是非常合理的。但是,实验中对粒子测量的结果具有随机性,又怎么解释?唯一的解释就是粒子还有一些我们没看到的内在属性,这就是所谓的隐性变量假说,这个假说的完整表述如下。

(1)量子力学并不是微观世界的终极科学理论,因为粒子还有一个或几个代表其内在属性的变量(隐性变量),没有反映到现有的理论系统中。

(2)当两个同时产生或发生过相互作用的粒子分开时,对它们的测量会有什么样的结果就已经确定了,就像箱子里的手套一样。就是这些隐性变量决定了未来测量的结果。

(3)对于每一个具体的事件,隐性变量可以随机地处在不同的状态上。所以,测量到的结果仍然具有随机性。

(4)对两个粒子测量的结果当然会有相关性,经典物理学中两个互相有过作用的物体,本来也可以有相关性,但并非是对一个粒子的测量,改变了另一个粒子的状态。

由于量子纠缠现象的存在,使量子力学似乎与局域实体性有矛盾。爱因斯坦把量子纠缠称为"超距鬼魅作用"。

11.3 贝尔定理

对于隐性变量假说，并没有人能提出具体的理论指出这些变量到底是什么，怎么用这些隐性变量来解释微观世界的现象。但这种可能性在很长一段时间内，似乎永远也不能被排除。谁知道将来会不会有一个像爱因斯坦那样聪明的人，构建出这样的理论呢？

物理学家们对局域实体性的讨论也只能停留在哲学层面。直到1964 年，英国物理学家约翰·斯图尔特·贝尔提出了一个定理。贝尔证明了，如果隐性变量存在，对两个相互关联的粒子进行不同的测量，得到的相关系数必须满足一些约束条件，无论这些隐性变量的具体形式是什么样的。量子力学中的纠缠态，可以不满足这样的约束条件，比如，公式[11.1]中的纠缠态，就违反了这个条件。

贝尔定理完全排除了用隐性变量理论来解释量子力学的可能。局域实体性不再是一个哲学命题，而是一个可以通过实验检验的科学问题。

在本书中，我们会尽量避免涉及太多数学方面的内容。但贝尔定理对重新认识量子力学非常重要，一般的教科书上又并不讨论它，甚至大部分的物理专业人士对它也并不了解。这里将花一些篇幅，用不太复杂的数学知识解释和证明贝尔定理的一个特例。不喜欢数学推导的读者可以跳过下面几段内容，只需了解上面的结论就可以了。

在量子力学的所有特性中，自旋和自旋的量子化是最难用经典世界观理解的。如果在某个方向上，电子的角动量分量是一种纯 1/2 的状态，从一个夹角 θ 的方向去测量，得到的竟然不是纯粹的 $\frac{1}{2}\cos\theta$，而是 1/2 和 −1/2 两种状态的叠加。你如果相信实体性假设,这样的特性就很难理解。贝尔定理就是从自旋着手的。

　　对于一对有着纠缠的自旋 1/2 的粒子,分别用探测器 A 和 B 检测它们的自旋分量。探测器 A 检测自旋在 a 轴上的分量,探测器 B 检测自旋在 b 轴上的分量,如图 11.3 所示。贝尔定理设想了这一实验,用到相关系数 $c(a,b)$ 这个概念。学过统计学的读者都知道,相关系数就是两个探测器测量到的结果相乘后的平均值再除以两个自旋分量的绝对大小。

图 11.3　对于两个纠缠的粒子自旋的测量

　　对于处在如公式[11.1]那样状态的两个粒子,如果 a 和 b 的方向是一致的,那么两个探测器得到的结果一定是一正一负两种可能性,无论是哪一种,相乘除以绝对大小后都是 −1。所以,

$$c(b,b) = -1 \qquad\qquad [11.2]$$

　　当 a 和 b 的方向不一样时,测量到的自旋不会全部都是相反的,有一部分可能都是正的或都是负的,用 $p(a,b)$ 来表示这部分的概率:

$$p(b,b) = 0 \qquad [11.3]$$

$$c(a,b) = (-1) \times [1 - p(a,b)] + 1 \times p(a,b) = -1 + 2p(a,b)$$
$$[11.4]$$

贝尔定理讨论的场景稍微复杂一些。假设有三个不同的方向 a、b、c，探测器 A 可以选择 a 或 b 两个方向，探测器 B 可以选择 b 或 c 两个方向。在公式[11.2]和公式[11.3]的约束条件下，除 A、B 都选择 b 方向外，还有三种不同的可能性。三种不同可能性产生的相关系数有一个约束条件，这个条件用 p 来表示：

$$p(a,b) + p(b,c) \geqslant p(a,c) \quad （贝尔定理） \qquad [11.5]$$

也就是说，如果 a 和 b 方向的测量中有 1% 的相同符号，b 和 c 也有 1% 的相同符号，那么 a 和 c 之间最多只能有 2% 的相同符号。这个不等式看上去像是正确的，下面给一个比较容易理解的证明，如图 11.4 所示。

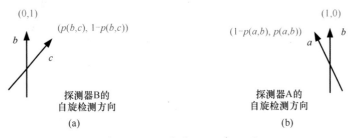

图 11.4　贝尔定理及其证明

如果探测器 A 和 B 都选择在 b 轴上测量角动量分量，那么一定有一半的事件 A 得到＋、B 得到－的结果，另一半正好相反。对前后事件的分析是相同的，我们选择对前一半的事件进行分析。

假想把这些事件重演一遍，A 探测器的方向改到 a 方向，B 仍然

在 b 方向。这时,B 探测器仍然会全部得到－,A 得到＋和－的概率分别是 $1-p(a,b)$ 和 $p(a,b)$。如果 A 仍然在 b 方向,B 改在 c 方向,那么 B 得到＋和－的概率分别是 $p(b,c)$ 和 $1-p(b,c)$。把每一个方向上得到两个结果的概率标在图 11.4 上,由此可见,A 选择 a 和 B 选择 c 得到相同符号的概率:

$$p(a,c)=(1-p(a,b))p(b,c)+(1-p(b,c))p(a,b)$$
$$=p(a,b)+p(b,c)-2p(a,b)p(b,c)\leqslant p(a,b)+p(b,c)$$

这里所有的 p 都是 $0\sim1$ 之间的概率。

在证明贝尔不等式[11.5]的过程中,我们完全没有涉及隐性变量和它们的具体形式,只是用了两个暗含的假设。

(1)对于一个事件,可以重新来一遍,换一个方向测量角动量。测量过程和粒子的内在属性是相互独立的两件事(实体性)。

(2)一个探测器选择不同的方向去测量,不会影响到另一个探测器的结果(局域性)。

对大多数人来说,这两条假设太自然了,甚至可能意识不到自己做了这样的假设。

那么量子力学满足贝尔不等式的限制吗?答案是否定的。有些量子纠缠态不满足这个限制,如公式[11.1]所示。

如果 a 和 b、b 和 c 之间的夹角都是 θ,a 和 c 之间的夹角是 2θ,那么量子力学的结果:

$$c(a,b)=c(b,c)=\cos\theta,c(a,c)=\cos2\theta \qquad [11.6]$$

这样的结果也容易理解。于是,

$$p(a,b)+p(b,c)=2\times\frac{1}{2}(1-\cos\theta)=1-\cos\theta$$
$$[11.7]$$
$$p(a,c)=\frac{1}{2}(1-\cos2\theta)$$

随便找个角度拿计算器算一下,你就会发现,公式[11.6]和贝尔定理的预言是相反的。熟悉小角度近似法的读者会知道,如果以弧度为单位,那么在小角度下:

$$1 - \cos \theta \approx \frac{1}{2}\theta^2$$

$$\frac{1}{2}(1 - \cos 2\theta) \approx \theta^2$$

当 θ 是 $45°$ 角时,量子力学对贝尔定理的违反最强烈。

从量子力学的角度看,以上贝尔定理的推导,错在哪里呢?第一条实体性的假设就错了! 量子力学的测量和粒子属性不是互相独立的。我们不可以说,用在这两个方向上的探测器探测到了一个事件,换一个方向再去测量同一个事件,探测器变了,探测到的就是不同的事件。

量子力学是一套不具备实体性的物理理论。粒子的属性和对它的测量,是不可分割的。

11.4 量子纠缠的实验检测

贝尔定理的发现推动了一系列检验量子力学和局域实体性到底哪一个正确的物理实验。大部分实验都是用光子做的。

与自旋 $1/2$ 的电子一样,光子也有两个基本的自旋状态,而且所有光子的自旋状态都可以用这两个基本状态去组合。这两个基本状态可以是左圆偏振和右圆偏振,也可以是垂直线偏振和水平线偏振。贝尔定理也完全适用于纠缠/关联着的光子,它们的表达形式非常类似。

线偏振的测量比较方便。有一种叫偏振分光镜的设备会反射一个方向偏振的光,而让与偏振方向垂直的光透过去。把计数器摆在偏振分光镜的两侧,就可以统计两种不同偏振的光子数量。

实验的关键是制备类似公式[11.1]那样的有强烈纠缠的量子态。如果纠缠得不强烈,相关系数的测量就不会超出贝尔定理的范围。一种非线性的光学效应就提供了完美的纠缠态。

某些晶体(如硼酸钡)会有一个小概率事件,即把一个高频率的入射光子变成两个低频率也就是低能量的光子。这一对光子的自旋是强烈纠缠的,如果一个在水平方向偏振,那么另一个就一定在垂直方向偏振;如果一个在垂直方向偏振,那么另一个就一定在水平方向偏振,如图 11.5 所示。

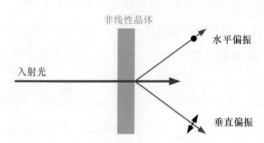

图 11.5　纠缠光子对的制造

中国科学技术大学的研究小组在多光子的纠缠态的制备方面达到了世界领先水平——实现了 18 个光子同时垂直偏振或水平偏振。

图 11.6 所示是一个典型的量子纠缠测量实验的示意图。一对纠缠着的光子,分别射向一对偏振分光镜。光子可能会从分光镜穿过或被反射,在这两条道路上,都有计数器在那里“等着”,完成对偏振方向的测量。以入射光线为轴改变旋转偏振分光镜的测量角度,相当于之

前讨论的选择 a、b、c 轴。对于不同的测量角度,根据计数器的统计结果就可以计算出相关系数。提高计数器的效率是获得足够精度的实验数据的关键。

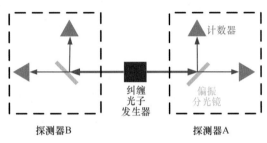

图 11.6　一个典型的量子纠缠测量实验

从 20 世纪 70 年代开始,一系列实验不断肯定了量子力学,否定了局域实体性。经过科学家几十年的努力,实验的精度越来越高,理论和实验的漏洞被不断补上。直到现在,这方面的研究工作还没有中断。

2017 年,中国的墨子号量子实验卫星把纠缠的光子对分别发到了青海德令哈和云南丽江高美古两个地面站,两个地面站共同完成了对量子纠缠的测量,再次验证了量子力学。远距离的量子纠缠被爱因斯坦称为"鬼魅相互作用",这两个地面站相距 1 203 千米,刷新了鬼魅相互作用距离的世界纪录。

11.5　重新认识量子力学

对于爱因斯坦的局域实体论,我们已经知道实体性的假设是错误的。我们可以通过测量一个粒子,改变另一个很遥远的粒子的量子状态,这是我们不得不接受的一个事实。对于量子纠缠的研究和思考,可以让我们更深刻地认识量子论,以及它和相对论的关系。

量子纠缠可以瞬间坍缩一个遥远粒子的波函数,比光传过去的时间还短,但为什么说量子纠缠并不违反相对论呢?

相对论告诉我们,物质、能量、信息的传播速度不能超过光速。对两个纠缠粒子的测量过程,显然没有在二者之间传输物质和能量,但有没有信息传播呢?通过测量一个粒子,可以确定远处另一个粒子的状态,但这是我们给自己的信息,并不是传播出去的信息。那信息有没有传播出去呢?如果有一对纠缠的光子,其中一个光子被测到是水平偏振的,那么另一个飞向宇宙并被外星人测量的光子一定是垂直偏振的。但如果外星人接收到了一个垂直偏振的光子,是刚好接收了一个垂直偏振的光子,还是因为地球人测量了它才收到了一个垂直偏振的光子?对他而言有差别吗?显然,外星人没有收到任何地球上是否有智慧生物、是否对另一个粒子进行过测量的信息。测量过程中并没有向外发送任何信息。信息的传播只能以物质、能量为载体。

所以,量子纠缠不涉及任何物质、能量和信息的传输,不违反相对论。

比相对论更基本的是局域因果性。

因果性对于物理学和一切科学来说,都是非常基本的东西。科学相信自然界有规律可循,有原因就有结果,复制了原因,就能再现结果,就算不能决定性地再现结果,也能够统计性地再现结果。假如没有因果性,科学也就没有什么意义了。

也许有人会问:未来科技更发达的时候,我们能够乘上时间旅行车回到过去吗?对此反问:你见过从未来回来的人吗?时间旅行破坏了局域因果性,发射到月球去的飞船,谁知道会不会被突然来访的未来人推到哪里去？同样，超距作用也破坏局域因果性，精心设计的物理实验，谁知道会不会被遥远星系的外星人的一个什么动作，改变结果呢？

局域因果性告诉我们，一切因果效应只能以物质、能量为载体，以有限的速度传播。相对论进一步告诉我们，这个速度不能超过光速。没有局域因果性，一切科学理论都是不可靠的。因为理论的预测都可能会被完全不可控的因素破坏。

如果接收到一个水平偏振的光子后，由于外星人对另一个光子的测量，我们接收到的光子变成垂直偏振的了，那么就破坏了局域因果性，违反了相对论。当然，量子力学不是这样的。

量子力学不具备实体性，主要因为在微观世界无法做到观测一个粒子而不改变它的状态。**量子力学告诉我们怎样去描述微观系统，以及怎样预测对微观系统的测量结果。但这个描述是不能脱离具体的实验设置的。**

我们可以通过测量一个粒子改变远处另一个粒子的量子状态。这种效应到底可以涵盖多远的距离呢？只要实验条件允许把两个粒子都观测到，量子纠缠就是有意义的。至于另一个粒子飞向了宇宙深处，它的波函数是否坍缩了，就留给外星人去决定吧！

11.6 量子纠缠的应用

量子纠缠并不是一个全新的概念，一直以来只是被当作量子力学中一个很难理解的现象。但从 20 世纪 90 年代开始，量子纠缠被发现有很高的潜在应用价值，才得到了广泛深入的研究。

本书在 9.10 节中介绍过使用单光子通信的量子密钥分发协议 BB84，下面介绍另外一个使用了量子纠缠的量子密钥分发协议。发送者和接收者各自测量一对纠缠光子的偏振方向，与 BB84 类似，双方仍然随机地旋转方向发送和接收。发送完成后，双方仍然交换彼此的发送和接收方向，密码的形成和 BB84 一样，双方把收发方向一致的数据作为密码，但双方把其它无用的数据在公共信道上交换。这个协议叫作 E91。收发双方利用共享的数据和各自测量的方向，可以计算贝尔定理涉及的基本相关系数，而这些相关系数一定是破坏贝尔定理的。如果有一个窃听者作为中间人转发了光子，发送者和接收者的光子则不再是纠缠的，相关系数不会违反贝尔定理。接收者可以利用贝尔定理检查是否有人窃听。

在量子计算机中，量子纠缠也扮演着不可或缺的角色。很多量子计算的原理需要使用纠缠态，比如，量子比特的纠错。不像经典的比特非 0 即 1，量子比特含有混合比例及相位信息，是会受到干扰的。多个粒子组成的强纠缠态有更高的抗干扰和纠错性能。

科学家们还在研究用量子纠缠改进原子钟的精度，以及提高光学显微镜的分辨率。

越来越多的研究表明，量子纠缠在自然界的很多物理现象中是至关重要的。

实际上，量子力学的测量又何尝不是一种量子纠缠？只不过是被测量的粒子的状态和测试设备的状态形成了纠缠。

对量子纠缠的研究方兴未艾。

墨子号卫星的量子纠缠实验

Part 02

第 2 篇

量子力学对物质
世界的解释

量子力学的基本理论确立后,认识物质世界的大门打开了。

认识物质世界要从认识原子开始。量子力学确定了原子的能级结构,原子中的电子必须按照泡利不相容原理从低到高去填充每一个能级。每一种原子中的电子数目不同,就形成了不同的壳层结构,而每一种原子对应着一种化学元素,量子力学的伟大成就之一就是消除了物理和化学这两门科学之间的鸿沟。化学反应是不同元素的原子组合成分子的过程,量子力学可以通过原子的壳层结构来理解化学反应。量子力学还可以让我们更好地认识分子,从分子的结构解释物质的基本性质。

不需要进行专业计算,我们就可以从原子、分子的结构出发解释很多自然现象,本章将带着读者进行一些这样的分析。专业的计算可以提供定量的、比较准确的物质性质的预测。但量子力学的计算并不容易,需要通过超级计算机来求解薛定谔方程,遇到稍微复杂一点的原子、分子,计算量就太大了。量子化学家们还在盼望着量子计算机。

世界是复杂的,虽然理论上可以通过第一性原理解释一切现象,但实际上世界的每一个构造层次上都常常有新的规律需要发掘。现阶段,化学仍然是独立的科学。

12.1 原子能级结构的总结

原子的能级分成很多"层",每一层按照不同的角动量分成好几个"轨道"。每个轨道按照泡利不相容原理,可以容纳若干个电子。电子的自旋、原子核的自旋,还可以造成轨道能级精细的、超精细的分裂。同样总角动量,角动量分量不同的状态,能量是完全一样的。

能够比较方便地利用薛定谔方程求解的是外围只有一个电子的氢原子。上面说的这些结果,在氢原子中都能够比较简单地计算出来。如果原子核的电荷数目增加,外围仍然只有一个电子(也就是说,把其他原子的电子剥离得只剩下一个),那么这种结构叫作类氢离子。类氢离子的薛定谔方程同样很简单,能级结构和氢原子完全一样,只不过因为原子核的吸引力增强,每一个波函数都被收得更紧,导致每一个能级的能量更低。

更大的原子,外围有很多电子,必须按照泡利不相容原理,从最低的能级开始,一个一个地填充到每一个轨道上。一个新的问题产生,电子和电子之间有排斥的相互作用,这种相互作用对原子结构有什么影响? 研究结果表明,影响不算太大。

图 12.1 所示是电子填满轨道后的能级,细心的读者与图 10.2 比较后会发现,s 轨道和 p 轨道的分离更大一些,而 3d 轨道则分离得更远,跑到 4s 和 4p 中间去了。这是电子间相互作用最主要的后果。不

同角动量的轨道,内外分布不一样,电子间相互作用带来能量的差别在一定程度上改变了原来的层结构。这个效应影响了元素周期表的形状。

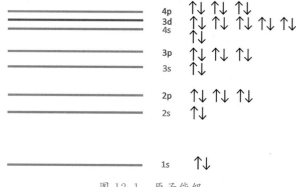

图 12.1　原子能级

　　一个填满了很多层电子的原子和一个电子少的原子相比,由于原子核强大的吸引力,其内层电子的能量要低得多,但其外层电子的能量和电子少的原子差不多。这是因为分布在内层能级上的电子会屏蔽一部分原子核的正电荷,当正负电荷大体上抵消后,外层电子的处境与小原子外围的电子很接近。

　　元素周期表上相邻的元素,后面元素的每个原子比前面元素多了一个电子。如果多出来的电子填在同一个轨道上,那么它的能量一定更低。因为此时原子核的电荷也增加了一个,更大的吸引力会降低每一个能级。在元素周期表的同一行上,外围电子的能量是越来越低的,越接近填满一层能级,外围电子的能量就越低。

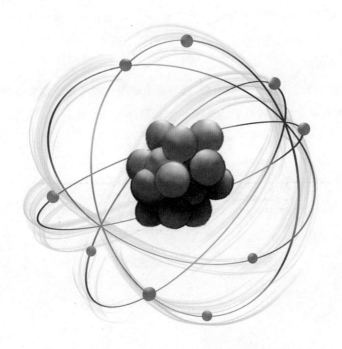

常见的原子图，现在你知道，真实的原子远没有这样简单

12.2 离子键和共价键

有了这些对原子能级的研究结果,量子力学就可以解释基本的化学现象了。我们在中学化学课上学到的离子键和共价,可以用量子力学来解释。

量子力学对于原子的分析,通常以电子脱离原子的能量为零能量点,而束缚在原子核周围的电子的能量都是负的。按这个标定方法,可以比较不同原子内部电子的能量,如图 12.2 所示。

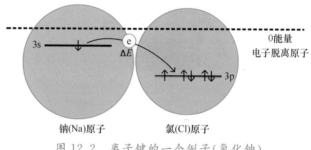

图 12.2　离子键的一个例子(氯化钠)

钠原子的最外层的 3s 轨道上有一个孤零零的电子;氯原子最外层的 3s 轨道占满了,3p 轨道上有 5 个电子,还可以接纳 1 个电子。在同一个原子内部,3p 轨道的能量比 3s 高一点。但是按照之前的分析,氯原子 3p 轨道的能量比钠原子 3s 轨道的能量低很多。二者都属于元素周期表的第三周期,最外围电子都排到第三层,氯原子的外围电子能量最低,钠是能量最高的。

本书在 7.3 节中解释过,当两个原子靠近时,它们内部的电子可以通过隧道效应互相渗透,水往低处流的道理在量子力学中同样适用。当一个氯原子和一个钠原子靠近时,钠原子的最外层的那个电子就会渗透到氯原子内部,进入 3p 轨道。失去了一个电子的钠原子带正电,得到一个电子的氯原子带负电,二者"一拍即合",吸附到一起,就形成了氯化钠,也就是我们烧菜用的食用盐的主要成分。

这就是量子力学对离子键的解释。

量子力学对共价键的解释更为复杂一些。

共价键是在两个原子外围电子的能量相同或比较接近时形成的,如图 12.3 所示。

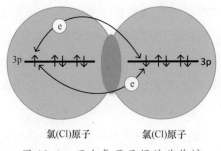

氯(Cl)原子　　　　氯(Cl)原子

图 12.3　两个氯原子间的共价键

以两个氯原子为例,当它们靠近时,其最外层的电子可以互相渗透,双方各有一个电子渗透过来,成为两个原子共享的电子。在形成一对共享电子后,两个原子的 3p 轨道都占满了,无法再接纳更多的共享电子。如果再有电子渗透过来,就只能"走向"能量高很多的第四层,两层之间的能量差足以阻止电子进一步渗透。

确切来说,两个氯原子最外围共 14 个电子都是全同的,不能编号。你只知道有两个共享,但并不知道哪一对被共享了。当然,这并不改变上面的结论。

一旦共享形成,图 12.3 中深绿色的区域同时受到两个原子核的吸引力,电势能更深,波函数会向这个区域集中。这样,这个区域就有更多的负电荷,进一步吸引两个原子核靠近,把两个原子结合起来。这种由一对共享的电子形成的结合机制被称为共价键。共价键像弹簧一样,两个原子被它拉着振动。

有的科普书把共价键画成图 12.3 中深绿色区域的两个点,而有的会把共价键画成连接两个原子的一个长圆形。共享电子的确会有更高的概率出现在这个区域,但并不是被局限在那里。

两个氯原子可以通过共价键结合成一个氯气分子。由于第一层能级不包含 p 轨道,两个电子就填满了,所以氢原子也可以两两结合成氢气分子。一个氢原子还可以和一个氯原子结合成氯化氢分子。

氧原子最外层只有 6 个电子,还可以接纳两个电子。两个氧原子通过两个共价键、两对共享电子,构成氧分子,氮原子最外围只有 5 个电子,要共享三对电子才能组成氮分子。

共价键对应着一个负电荷相对集中的区域,负电荷之间有排斥作用,所以,如果一个原子有几个共价键,那么它们会在三维空间中排开位置,尽量让彼此的距离更远一些。

如果用 m 和 n 代表两个原子外围电子的量子态,那么按照量子力学的状态叠加原理,被共享的电子的量子态可以近似地写成:

$$a\,|\,原子 1, m > + b\,|\,原子 2, n >$$

当两个原子相同时,a 和 b 一定会相等,比如,氮气、氧气、氯气、氢气。当两个原子不同,即外围能级有一些差别时,a 和 b 就不会相等,此时共价键会表现出极性,一边的原子带正电,另一边带负电。如果 a 和 b 相差比较大,那么这个共价键就很接近离子键了,比如,氯化氢,它溶于水后成了盐酸,在水分子作用下产生氢离子,从而具有酸性。盐酸不仅仅是化学品,我们胃里面也有这种东西,可以帮助消化。

形形色色的分子如图 12.4 所示。

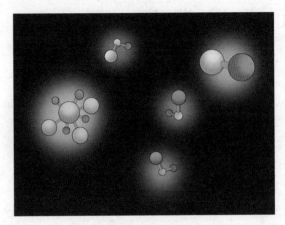

图 12.4　形形色色的分子

12.3　元素周期表的量子解读

　　元素周期表是俄国化学家门捷列夫的伟大发现。在量子力学之前,元素周期表只是化学家实验数据的总结。量子力学基于对原子能级的认识,成功解释了元素周期表,把化学和物理这两个不同的学科相互连接起来,如图 12.5 所示。

　　按照之前的分析,原子外层电子的数量是决定其化学性质的最重要因素。泡利不相容原理告诉我们,要按次序从低到高填充能级,所以外围电子的数量会随着原子序号(也就是原子内部的电子数量)发生周期性变化。泡利不相容原理是体现世界多样性的关键。

　　读者可以尝试按照图 12.1 中的能级,推算出前 36 位元素的外层电子结构。

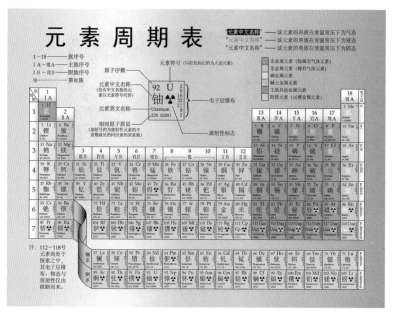

图 12.5 元素周期表

元素周期表的中间部分被称为过渡金属，是那些 d 轨道上有电子但没有被填满的元素。除 d 轨道外，在更高层，原子还有角动量是 3 的 f 轨道。元素周期表下面的两行是 f 轨道上有电子但没有被填满的元素。

元素周期表最右一列，是整层能级天然被填满的元素，叫作惰性气体。因为能级已经被填满了，所以它们的原子不会结合成分子，也基本不可能和其他元素发生化学反应，所以被称为惰性元素。

在同一层的原子中，随着原子序数的增大，外层电子的能量是逐渐降低的。这就解释了为什么在金属元素中，周期表靠左的两列最为活跃，因为它们最容易通过化学反应失去最外层电子。同时，也解释了在非金属元素中,为什么越靠右越活跃。氮元素和其他物质不容易发生化学反应,而右边的氯与氟则更容易发生化学反应,位于其右边的氧,可以燃烧很多物质;再右边的氟,则是腐蚀性最强的气体。

　　元素周期表的最左一列是化学价为 1 的元素。为什么两个氢原子可以通过共价键结合成分子,而锂、钠、钾不能?因为更高层有 p 轨道,两个锂、钠、钾原子共享一对电子,无法填满轨道形成稳定的分子。如果没有量子力学,那么就无法明白为什么同属一族,氢和其他元素的性质差别那么大。

12.4　分子之间的相互作用

　　分子之间也有相互作用,物质的形态主要是由分子之间的相互作用决定的。

　　正负电荷之间的吸引力是物质形成凝聚态的最重要因素。

　　由离子键结合而成的分子,有很强的极性。它们的分子之间,带正电的部分和带负电的部分互相吸引,搭建成三维结构,所以绝大部分离子化合物在常温下是固体,并且熔点比较高,比如,氯化钠,地球上岩石的主要成分碳酸钙,以及蓝宝石、红宝石的主要成分三氧化二铝。

　　完全靠共价键也可以搭建固体物质,最有名的例子就是钻石。一个碳原子靠共价键连接 4 个碳原子,这 4 个碳原子再组成一个正四面体。但这类物质比较少,主要是 4 价的元素。那些只拥有 1～2 个共价键的元素,显然无法靠共价键搭建出三维结构。

共价键也常常会有极性，它虽然没有离子键那么强，但是也可以帮助分子凝聚起来成为固态或液态。以水和二氧化碳为例，如图 12.6 所示。

图 12.6　水分子和二氧化碳分子

在水分子（H_2O）和二氧化碳分子（CO_2）中，靠近氧原子的部分是带负电的，按照之前的分析，氧原子是特别喜欢接收电子的。相对而言，氢原子、碳原子就带正电。不过 2 种分子的形状不同，二氧化碳分子是直线形的，水分子是三角形的。碳原子把最外围 4 个电子全部用来和氧原子配对，4 个共价键连接 2 个氧原子，只能排成直线。而氧原子配上 2 个氢原子后，还有 4 个自我配对的电子，最佳的布局是让 2 个氢原子分开一个角度。

水分子的形状使它的一侧带正电，另一侧带负电，用专业术语说，就是有电偶极矩，而二氧化碳没有电偶极矩。水分子更容易按正负电荷互相吸引的原则进行排列，所以水在常温下是液体，当温度降为 0℃时就会结冰。二氧化碳在常温下是气体，但仍然比完全无极性的氮气和氧气更容易凝结。一些餐馆用干冰给冷菜烘托气氛，干冰就是凝结成固态的二氧化碳。

水能溶解很多离子物质，如氯化钠、氯化氢等，这也与它的极性有关。水分子靠着自己的极性把正负离子"拉开"。

大的有机分子是以碳原子为骨架，含氢氧等靠共价键连接的长链,链上面有很多带正电或负电的地方,使这些长链分子之间很容易粘连。这些有机物在常温下通常都是固态或液态,但它们的熔点都比离子化合物低很多。如食盐(氯化钠)要到 801℃才能熔化,而糖在炒菜锅里就可以液化。

完全没有极性的氮、氧,在常温下是气体,这样我们就可以自由地呼吸空气。惰性气体不管它们的单原子分子有多大,因为没有极性,所以它们只能是气体。

两个没有极性的分子/原子之间,也会有一种比较弱的吸引力,产生这种吸引力的原理还是同性相斥异性相吸,如图 12.7 所示。

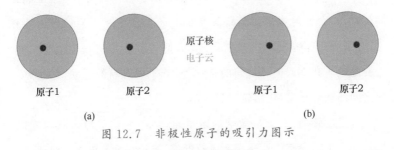

图 12.7 非极性原子的吸引力图示

原子 2 的核把原子 1 的电子拉近,自己的电子被推到另外一侧;或者原子 1 的核把原子 2 的电子拉近。无论是哪一种情况,就像互相感应出了电偶极矩,所有的吸引力和排斥力进行抵消后,结果仍然有一个净吸引力。

图 12.7(a)、(b)的两种可能性都会出现,准确地讲,会同时出现。两个原子里的电子有量子纠缠,同时在原子核左侧,或者同时在右侧的可能性加大。

这种吸引力叫作伦敦力(伦敦是位科学家,不是英国的那座城市)。虽然伦敦力是一种微弱的吸引力,但是足以让绝大部分物质在足够低的温度下凝聚成液态或固态。

两个无法进一步发生化学反应的原子，当它们靠得更近时，电子之间的排斥力就开始压缩电子云的空间，不确定性原理导致能量快速上升，原子开始展现其坚韧的一面，产生一个随距离减少并急剧上升的排斥力。

12.5　分子光谱和全球变暖

原子结合成分子后，外围电子有了新的轨道和能级。这些能级之间的跃迁，会发射或吸收特定频率的光子。参见 8.4 节对光谱的介绍，分子光谱和组成该分子的原子光谱不同。

除电子在不同能级之间的跃迁外，分子还有新的运动形式·原子核之间的相对运动，包括转动和振动。

分子的转动，由于角动量的量子化，会产生一系列离散的能级。由转动产生的光谱主要是频率比较低的、波长在毫米以内的波段。

分子的振动更有意思。每一个原子核在分子中都有一个平衡位置，离子键、共价键都像弹簧一样，原子核可以围绕这个位置振动。一个多原子分子可以有很多的振动模式。分子振动产生的光谱主要是波长几微米到几十微米的红外线波段。

图 12.8 展示了在外加电场的作用下，二氧化碳分子的两种振动模式：一种是碳原子可以反相拉伸/压缩和两个氧原子的共价键；另一种是整个分子可以像扁担一样弯曲着振动。当然，即使没有外部电场，二氧化碳也可以这样振动。从波动性的角度看，外来电磁波的频率和分子的自有振动频率一致时，就会产生共振，而分子的振动会吸

收能量。从粒子性的角度看,分子的振动会产生一系列等间距的能级(参见 8.2 节),当外来光子的频率和自有振动频率一致时,光子的能量和能级之间跃迁需要的能量正好相等,光子会被吸收。

正是这两种振动模式,特别是后一种,让二氧化碳成为温室气体。

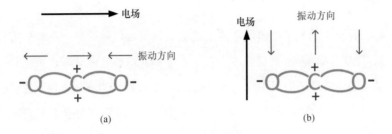

图 12.8　二氧化碳分子的两种振动模式

所谓温室效应,类似于蔬菜大棚的原理。一层塑料薄膜可以让阳光和热量进来,但阻断了对流,不让热量散出去,所以蔬菜大棚里在寒冬腊月时还可以温暖如春。温室气体就像这层塑料薄膜一样。

在 10.6 节中讲过热辐射。太阳表面温度达 5 000 多摄氏度,热辐射主要在可见光波段。辐射到地球上的阳光,部分被反射。被吸收的阳光成为热量,如果要散发出去,只能靠地球自己的热辐射。地球的温度比太阳低得多,热辐射是频率低很多的红外波段。

二氧化碳分子振动所吸收的频率,刚好很靠近地球热辐射最强的波段。它吸收的红外光可能会通过和寒冷大气中其他分子的碰撞变成大气的热量,而不再是辐射出去。

有极性的水分子会吸收红外线,所以它也是温室气体。不过大气中水分子如果多了,就会变成雨水落下来。没有什么机制可以很快降低大气中二氧化碳的含量,而我们焚烧秸秆,使用化石燃料,把植物好不容易吸收的那些碳又送回大气层。气候学家们认为，人类工业化后制造的二氧化碳是全球变暖的元凶。

12.6 量子化学和世界复杂性

量子力学和化学的结合催生了量子化学这门新学科。在实验方面，除摆弄试管外，光谱和本书在 9.8 节中介绍的核磁共振也成了化学家们研究分子的新手段。在理论方面，通过薛定谔方程可以预测新分子、新物质的化学特性。量子化学已经成为制药公司开发新药的工具。

有了量子力学，化学还有必要存在吗？是否可以用量子力学解决所有的物质问题？是否有一天可以用量子力学给人看病？现实远没有那么乐观。

从最基本的物理原理解决一个复杂系统的问题不是简单的事情。经典力学靠牛顿万有引力定律，可以计算行星轨道；但如果有三个星体，就无法找到一个公式进行求解了，这就是著名的三体问题，分子内部有众多的电子和原子核，又何止三体？

由于当代拥有大型计算机，所以方程没有解析解不是问题。但求解薛定谔方程对大型计算机来说也不是容易的事情。一个经典的粒子只有位置和速度等少数几个参数；而一个量子的粒子，它的波函数包含所有位置上的概率和相位，有无穷多个参数！

本章对于原子、分子的分析，已经用了很多近似的方法。比如，以类氢离子的解为基础，把电子之间的相互作用当作次要因素。即使在近似模型下，量子化学仍然经常需要海量计算，消耗着超级计算机上的大部分资源,而比较精确的计算,仅限于几十个电子内的小分子。

有人说,量子系统必须用量子来模拟,所以必须开发量子计算机(参见 2.8 节)。

但也许我们必须接受世界的复杂性。这个世界,有很多不同层面的复杂度。

(1)彼此之间完全相同的粒子。

(2)粒子组合成的各种分子。

(3)原子分子组成的各种物质。

(4)超大分子组成的有机物质。

(5)多种有机物质组成的,能够不断吸收能量,排出熵,生长繁殖的生命体。

(6)具有智慧的生命体——人类。

(7)复杂的人类组成的社会,社会中的经济和政治。

在每一个复杂层面上,都需要使用新的方法,寻找新的规律,开发新的学科。

晶体里面的量子力学

在很多固体材料中,原子呈规律性、周期性排列,这就是晶体(图 13.1)。你一定知道钻石和水晶是晶体,但你不一定知道绝大部分金属材料也是晶体。晶体材料包括单晶,整块材料中原子是周期排列的,比如,很多宝石。晶体材料也有多晶的,材料中含很多小颗粒,每一个颗粒内部的原子是呈周期性排列的,比如,大多数金属。

图 13.1　各种晶体

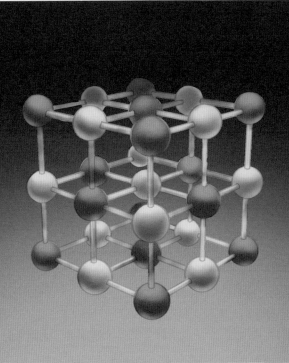

晶体结构示意图

量子力学对晶体的研究开启了固体物理的大门,极大地促进了现代材料技术和电子技术的发展。量子固体物理的基础是能带理论:当大量原子排列成晶体组成物质的时候,它们的能级有变化。每一个能级拓宽为一个能带,能带里有密集的、海量的能级,而物体中的电子应该被看作被所有原子共享,按照泡利不相容原理从低到高填充这些能带中的能级。能带理论告诉我们为什么有些物质是导体,有些是绝缘体。

我们之前介绍过波粒二象性。自然界的一切波动都有波粒二象性,包括我们熟悉的声波,声波对应的粒子叫声子。声子属于准粒子,是声波的一份不可分割的能量,它与参与声波运动的原子、分子等粒子不是一回事。和光子一样,声子的能量与频率成正比,我们听得见的声波频率都太低,声子产生的量子效应是观测不到的。但在固体材料中,可以有频率极高的声波,声子常常会扮演重要的角色。

13.1　能带理论

我们在第8、9、10三章中讨论了原子的能级。束缚在原子周围的电子的总能量只能是一些离散的特殊值。

在8.1节中提到,一个大盒子中的粒子,能级非常密,可以认为它的能量是连续的。

晶体中的电子可以通过隧道效应从一个原子迁移到另一个原子上。电子属于整块物质,而不是仅仅属于某一个原子。在这方面,晶体中的电子又和盒子中的粒子很像。那么,晶体内电子的能级到底是什么样子的呢?

答案就是原子和盒子的杂交。原子中的每一层能级在晶体中被拓宽成了一个能带。每一个能带有最高能量和最低能量,在这个范围内,能量是连续分布的(能级密度极高)。但能带和能带之间是有空隙的,这个空隙叫作能隙,能隙内不存在电子能级,如图 13.2 所示。

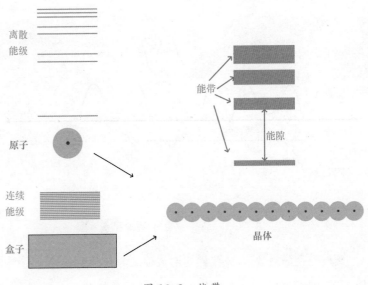

图 13.2　能带

能带内电子的状态是什么样子的呢?让我们回到 7.3 节中的图 7.5,把波函数的相位信息补上,图像就清晰了,如图 13.3 所示。如果一个原子内的某个能级 n 的波函数是 $\phi_n(x)$,那么在这种原子组成的晶体中,原子的位置 x_1,x_2,x_3,…是等间距的,电子将处在一个周期性的势阱中,它的波函数可以近似地表达成:

$$\psi_{n,k}(x,t) = [\mathrm{e}^{\mathrm{i}px_1}\phi_n(x-x_1) + \mathrm{e}^{\mathrm{i}px_2}\phi_n(x-x_2) +$$
$$\mathrm{e}^{\mathrm{i}px_3}\phi_n(x-x_3) + \cdots]\mathrm{e}^{-\mathrm{i}Et} \qquad [13.1]$$

如果看公式[13.1]觉得眼花,我们可以这样理解:量子的状态是可以叠加的,电子可以在原子1的 n 能级上,也可以在原子2、原子3等同样的能级上,这个波函数是所有状态的叠加,也就是说,这个电子处于每一个原子内的机会是相同的。叠加的时候,每隔一个原子就要旋转一个相位。

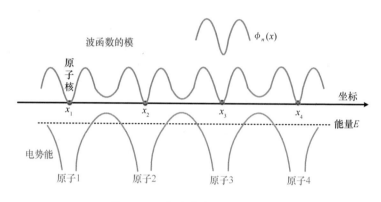

图 13.3 晶体中电子的波函数

旋转相位的系数 p,让我们想起波粒二象性的公式[3.2](与公式[3.2]相比,这里采用了量子力学中常用的单位 $h = 2\pi$)。这个波函数实际上是一列行走的波,但它不是本书在第3章中谈论的正弦波。p 反比于波长,也是一种动量,叫作晶体动量。

这个近似的波函数和一大类材料的特性符合得很好。

这个波函数告诉我们,电子可以在晶体里运动,拥有不同的动量。在一个能带里,动量越高的能级,能量越高;能量 E 不再是原子能级的能量,而是一个 p 的函数。仔细研究波函数[13.1]就会发现,这列波的波长不可能比原子之间的距离更短,在能带里,p 有一个最大值。根据不确定性原理,这相当于电子的位置不能确定到比原子的间距更小。这很合理,电子最多也就是束缚在一个原子的周围。波长更短的电子,不属于任何能带,可以"飞"到材料外面去。

能量 E 和原来的原子能级的偏离程度,很大程度上取决于相邻原子波函数的重叠程度。对于内层能级,相邻原子的波函数重叠极少,能带很窄;越到外层,能带越宽。

在一个能带里,能量 E 和动量 p 的关系是晶体材料的一个重要属性。另外,能带内的能级虽然是接近连续的,但是能级的数量毕竟是有限的。单位体积内能级的密度是材料的另外一个重要属性。

与原子的能级理论一样,晶体的能带理论的研究结果认为,原子核和电子的相互作用主导了电子的能级,而电子和电子的相互作用主要是以一个平均效果修改了能级。个体层面的电子之间的相互作用对材料特性的影响不大。这个模型符合绝大部分材料的特性。当然,大千世界,例外总是有的。

大多数非晶体的固体材料也存在着能带。晶体的结构简单,所以被研究得最多。

13.2　绝缘体

前面的讨论还没有考虑到,材料中所有原子的大量电子需要按照泡利不相容原理去填充能带中的能级。原子的能级是否被填满影响着它的特性。晶体的能带是否被填满也对它的特性影响很大。

一个分子经过离子键、共价键的组合,各个原子的外层能级都被填满了。以分子为单位组成的晶体,相应的能带也会被填满。

凡是能带被填满的晶体，不是绝缘体就是半导体。本书将在第 14 章中讨论半导体。

为什么能带被填满了，材料就不能导电？导电性需要电子能够响应外加电场，做出状态调整，产生电流。一个能带中有大量能级，包括在动量各个方向上的电子。如果在电场的作用下，更多的电子能够跃迁到动量和电场方向相反（电子带负电）的能级上，那么宏观的电流就产生了。然而，对于一个已经填满的能带，根本没有跃迁的空间。虽然理论上电子可以游离于各个原子之间，但是它并不是真正自由的。

电子难道不可以跃迁到上面那个空的能带吗？电子可以吸收一个光子，跃迁上去，但如果只是施加一个固定的电压，电子是无法产生这种跃迁的。要解释这个道理，我们可以换一个视角看图 13.4。

固体物理把被填满的、最高的那个能带，叫作价带。价带上方有一个能隙，越过它就能进入导带，即可以导电的能带。绝缘材料这个能隙，最高也就 13eV（电子伏）左右，钻石的能隙不到 6eV。一个电子伏是电子经过 1V 压降后得到的能量。如果施加十几伏的电压，那么似乎可以提供足够的能量让电子进入导带，但问题在于，电子需要穿越一段宏观尺度的距离才能得到这样的能量。

在量子力学中，粒子的状态可以用不同的动量去组合，也可以用不同的位置去组合。思考这个问题时，需要把电子看成一个有具体位置的波包。外加电压让电子在材料两端的能量产生差别，所有的能带都按位置倾斜了，如图 13.4 所示。如果一个电子要跳到导带上去，那么就需要穿越一段距离。量子力学是可以有势垒穿透的，但能够穿越的距离是纳米级别的。如果在这样的距离上加十几伏的电压，当外加电场强度已经接近物质内部的电场强度时，就足以破坏物质结构。绝缘材料都是会被足够高的电压击穿烧毁的。

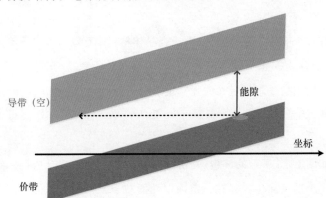

图 13.4　外加电压时绝缘体的能带

　　能隙造就了材料的绝缘性质,也决定了它的光学性能。一个外来的光子必须有足够的能量来克服能隙,把电子从价带送到导带上,才有可能被吸收。频率不够高的光子只能从这个材料中穿过去。物质内部本来就是空的,所以不能发生相互作用的光子就只能穿透。可见光中能量最高的紫光光子,能量只有 3.1eV,完全无法克服钻石的能隙,所以钻石对可见光是透明的。大部分绝缘的晶体是透明的,比如,水晶(二氧化硅)、红宝石和蓝宝石(三氧化二铝),它们的颜色都来源于杂质。

13.3　金属

　　如果能带只被填满一部分,材料就是导体了。完全空的能带自然无法导电,但只有当能带中有足够的空位时,电子才是真正自由的，电场才能让更多的电子集中到电流的方向上，产生电荷的移动。

有一个有趣的现象，自由电子在晶体材料中移动时有一个有效质量，这个有效质量可以和电子本身的质量差别很大。

有效质量是怎样定义的呢？量子力学的动量由波长决定，动量除以速度，就是有效质量。但粒子移动的速度，并不一定是波行走的速度。

如图 13.5 所示的波包，是由一系列波长接近的波合成的。它对应着一个动量和位置都有一定确定性的粒子。粒子移动的速度就是波包的移动速度，它和波包里面的波的行走速度是可以不一样的。用专业术语讲，前者叫群速，后者叫相速（波的相位移动速度）。简单来说，能量作为动量的函数对动量求导，就是粒子的速度，再求导一次，取倒数，就是有效质量。这个结论可以从公式 $E = p^2/2m$ 中推导出来。

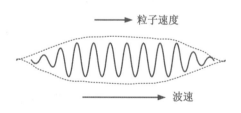

图 13.5　波速和粒子速度

总之，自由电子的有效质量是材料的一个属性。材料里自由电子的有效质量，有的是电子本身质量的 10 倍，有的只有它的 1%，甚至更小。

良导体的一个特性就是它反射光。这倒不需要由量子力学来解释，从经典电动力学的角度就能了解。如果有外部电场进入，那么导体内部就会产生电流，在表面积累电荷，直到表面电荷的电场完全抵消外来的电场。在电荷平衡的情况下，导体内部的电场强度必须是 0。如果有外来的电磁波，那么导体的表面也会感应出随着节奏变化的电荷，不让电场进来（当然，如果有外部电源，源源不断地把表面的电荷抽走，就另当别论了）。由于外部电场进不来，电磁波只能被反射回去。因此，良导体都有金属光泽，如图 13.6 所示。

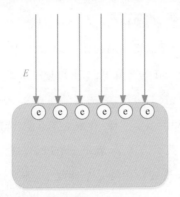

图 13.6　导体不允许电场进入

但是，当电磁波的频率越来越高，超过一个阈值的时候，材料内部电子的响应速度会跟不上，不再形成反射。这个频率是多少，就要用量子力学来研究了。

大部分金属材料呈银灰色，它们可以反射全部的可见光，也有少数例外的，比如，黄金。黄金的电子的有效质量特别大，质量很大的电子响应速度慢，无法反射频率比较高的绿光和蓝光，所以黄金看上去就是黄色的。

13.4 声子

量子力学的波粒二象性对声音也适用。声音是一种波,但你可能没有意识到它也有粒子性。

声音是大量原子、分子的集体运动,从微观的角度看,它是由一个一个的粒子组成的,但这不是我们说的粒子性。作为集体运动的声波的能量和光一样,是一份一份的,每一份能量就是一个声子。

在晶体中,声音是晶格振动的传播,是原子核带动整个原子在平衡位置附近的振动。在 8.2 节中,本书讨论了量子谐振子的能级。经过研究,一列固定波长的声波,它的振动模式和量子力学中的谐振子是一样的,能级也和谐振子一样,有一个零点能,全部是等间距的。让声波向上跃迁一个能级的能量,就是一个声子。把最低的能级记为第 0 个,如果这个振动模式处在第 n 个能级上,那么这列声波在这个波长上就有 n 个声子。

与普通的粒子一样,声子的动量(晶格动量)和能量由波长和频率决定, $p = h/\lambda$, $E = hf$ 。在量子力学中,声子是一个准粒子,具有粒子大部分的属性。它和基本粒子最大的区别在于,声子的波长不能比原子之间的距离更短;其位置的确定性也不能小于原子之间的距离。

与光一样,只有在很高的频率上,声波的粒子性才能够展现出来。人类能够听得到的 20 000 Hz 以内的声音,即工程技术上常用的超声波,其量子效应可以忽略。但在晶体内部是有很高频率的声波和能量足够高的声子的。

在之前对能带理论的介绍中,把晶格当作"死"的,是一个个固定的点,而更完善的物理模型,还需要把晶格的运动考虑进来。电子的能带决定材料的大部分属性,但晶格也在某些物理过程中扮演了重要的角色。

比如,导体的电阻就是因为电子和晶格发生碰撞(散射),把能量损失给了声子。电场施加电压,使电子加速,不断向它"喜欢"的运动方向的能级上推送电子,但是和晶格的碰撞会让电子失去方向,发生碰撞的概率正比于这个方向上电子的数目。有些物理学功底的读者,可以按照这个线索去证明欧姆定律。

透明的绝缘材料也会反射一些光,比如,钻石是亮闪闪的。氯化钠的单晶是透明的,有人还拿它做过光学器件,但食盐是雪白的,食盐是很多小颗粒,每颗反射一点光,看上去就是白的。但这种反射的机理和金属对光的反射完全不同。

电磁波进入晶体后,电场向一个方向推动带正电的原子核,向另一个方向拉动带负电的电子云,势必带动晶格振动引起辐射。这种辐射和入射的叠加就是反射波。

氯化钠还有一种特殊的振动模式,带正电的钠离子和带负电的氯离子向相反的方向运动,如图 13.7 所示。

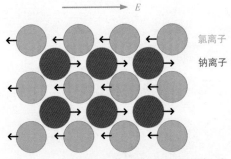

图 13.7　外部电场带动氯化钠晶格振动

如果外部电磁波和晶体的自有振动频率一样，那么就会发生共振吸收。我们可以观测到红外线对氯化钠声子的激发，这个振动模式和普通的声波不同，这种声子叫作光学声子。

声子还在超导现象中扮演了关键角色，这个话题将在第 17 章中进行讨论。

第⑭章 半导体的量子物理

如果没有半导体(图 14.1),就不会有计算机、手机、数码相机,如果退回到电子管的时代,那时候的收音机比现在的微波炉还大,我们的生活将难以想象。

本章将讨论半导体材料和半导体技术背后的量子力学。我们之前已经了解到,导体和绝缘体的差别在于最上层的能带是否被填满。半导体和绝缘体一样,能带是被填满的,但这个填满的能带与它上面的可以导电的能带间隙很小,造成少量电子由于热运动跃迁到导带上面。导电特性对这个能带间隙特别敏感,所以半导体和绝缘体有质的差异。

半导体的特点是,内部除了自由电子,还有空穴可以导电。空穴是需要用量子力学才能解释的物理现象,它们是由少数电子跳跃到导带上后形成的,至于它们为什么表现得像带正电的粒子,背后的道理并没有那么简单。半导体材料可以通过人工添加杂质,形成空穴多或自由电子多的材料,分别被称为 p 型和 n 型半导体。这两种材料紧贴在一起就形成了一个叫作 pn 结的结构，本章将介绍 pn 结的物理特性和应用。我们熟知的大部分半导体的应用，从晶体管、LED、手机摄像传感器到光伏发电，都是 pn 结的应用。

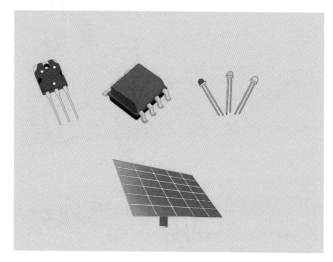

图 14.1　半导体器件

14.1　什么是半导体？

如果导带是空的，价带填满了，那么材料将不能导电。在这个讨论中，忽略了一个因素：如果绝对零度时导带是空的，那么在常温下热运动是可以把一些电子"踢"到导带上来的，但前提是能隙不能太高。

半导体和绝缘体的区别在于，半导体的能隙低一些。在常温下，它有一小部分电子从价带跃迁到导带上，成为自由电子，而价带也因此有了一些空出来的能级，这些能级被称为空穴，具有一定的导电性，如图 14.2 所示。

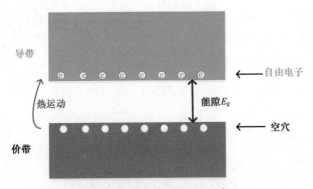

图 14.2 半导体的自由电子和空穴

半导体和绝缘体能隙的差别不仅仅是量的差别。按照 10.6 节中介绍的公式[10.9]，每个能级上平均的电子数量为：

$$n = \frac{1}{e^{(E-\mu)/k_B T} + 1}$$

在常温下，$k_B T \approx 0.026\text{eV}$，远比材料的能隙 E_g 要小。上式近似为：

$$n = e^{-(E_g - \mu)/k_B T} \qquad\qquad [14.1]$$

同是 4 价元素的结晶体，硅的能隙是 1.1eV，而钻石（碳元素搭建的晶体）的能隙是 5.5eV。粗略地估算一下，不考虑两种物质化学势的差别，钻石的自由电子密度比硅少了一个 $e^{-(5.5-1.1)/0.026} \sim 10^{-73}$ 的因子。指数是非常强大的，能隙的量变足够引起材料的质变。虽然在元素周期表上它们是同一族，但是硅是半导体，碳元素的结晶（钻石）是绝缘体。

半导体的自由电子是靠热运动产生的，所以半导体材料的电导率对温度很敏感，随着温度上升提高得很快。

常见的半导体材料有 4 价的元素，如硅、锗，也有 3 价和 5 价元素的化合物,如砷化镓、氮化镓等,后者称为三五族半导体。

硅是最常用的半导体材料,因为它的储量太丰富了。地壳接近30%的质量都是硅,从沙子里就可以提炼出硅,取之不尽,用之不竭。但把沙子变成半导体行业需要的硅晶圆却需要很高的技术。硅晶圆需要从硅的氧化物中融化、提炼,然后生长成硅的单晶体,并且还需要极高的纯度,99.999 999 9%甚至更高,如图14.3所示。

图 14.3 一片 12 英寸的硅晶圆,由融化生长成的单晶柱切片,再由半导体工艺加工

14.2 p 型、n 型半导体和空穴

纯的半导体材料既不是好的导体,又不是好的绝缘体。半导体材料之所以应用广泛,是因为它们高度可塑。

半导体有两种导电机制,即导带中的自由电子和价带中的空穴。在纯的半导体材料中,自由电子和空穴的数量是相等的。但只需要加入很少的一点儿杂质,如万分之一到十亿分之一,就可以完全改变这种情况。

如果加入 3 价的元素,如硼、铝、镓,它们的最外层只有 3 个电子,比硅原子少一个,这样就在价带上制造了很多空穴。这样的半导体中的空穴比自由电子多很多,主要靠空穴导电,叫作 p 型半导体。

如果加入 5 价的元素,如磷、砷,它们的最外层电子比硅原子多一个,这样就会在导带上产生很多自由电子。这样的半导体,主要靠自由电子导电,叫作 n 型半导体。

p 型和 n 型半导体都比纯硅有更好的导电性。掺杂度越高,导电性越好。

在半导体芯片的生产线上,可以通过向晶圆喷射掺杂元素,把 p 型和 n 型半导体刻画成制作芯片所需要的图案。

为什么半导体晶圆的纯度要求这么高,就是因为很少的杂质就能改变材料的特性。正因为半导体材料高度可塑,所以对它的设计和工艺的要求极端严格。

本书在 13.4 节中讨论了作为准粒子的声子。空穴是固体物理中又一种准粒子,空穴在价带中的移动或改变是由电子移动后产生新的空穴造成的。人们喜欢用一个比喻对其进行描述:电影院里,前排有一个空位子,后面一排的人不断移到前面一排的位子上,看上去,空位子就像在向后移动。作为一个空的能级,空穴可以有动量,其动量就是这个能级的动量;它也可以在不确定性原理允许的范围内,由很多动量合成一个大致的位置。这些都和普通粒子一样。

有一个实验能说明空穴的性质,这个实验就是霍尔效应,如图 14.4 所示。

把一块导电材料施加电压,产生向右的电流,放在垂直于纸面向内的磁场中。这个电流,可能是电子向左漂移造成的,也可能是带正电的

图 14.4　霍尔效应

粒子向右漂移造成的。无论是哪一种情况,按照高中物理课讲的左手定则,磁场中的载流粒子会受到一个向上的力,聚集在这块材料的上侧。猜猜看,如果用半导体材料做这个实验,上侧聚集的是什么电荷?

以自由电子为电流载体的 n 型半导体,上侧聚集的是电子,会有负电荷。以空穴为电流载体的 p 型半导体,上侧聚集的是空穴,会有正电荷。

所以,空穴表现得像一个带正电的粒子。在一片带负电的粒子的海洋中,一个空穴“带”正电,乍一看好像合理,但仔细推敲后会发现不对。空穴的移动实际上是电子的移动造成的,p 型和 n 型半导体都是由电子迁移导电的,为什么它们的霍尔效应会不同呢?

认真研究这个问题,会牵出一个秘密。本书在 13.3 节中介绍过晶体中的电子的有效质量。有效质量与电子的动量有关,在能带中不同的位置,动量不同,有效质量也不同。导带中的自由电子处在能带的底部;价带中的空穴处在能带的顶部。对于一个能带而言,底部电子的有效质量是正的,但顶部电子的有效质量是负的!这是一个反直观的物理现象。

负质量意味着,你向一个方向拉动粒子,它却向相反的方向走!因为附近的电子具有负的有效质量,它们的迁移方向与本来应该迁移的方向相反,空穴才表现得像带正电的正常粒子(具有正质量)。

　　要解释为什么电子可以有负的有效质量,需要用到一些数学方面的知识,不喜欢数学的读者可以跳过下一段。我们回忆一下 13.1 节介绍过的晶格动量。重新审视公式[13.1],假设原子之间的距离是 a,原子的坐标 $x_1,x_2,x_3,\cdots$ 分别是 na,$(n+1)a$,$(n+2)a$,$\cdots$,这个公式可改写为:

$$\psi_{n,k}(x,t)=[\mathrm{e}^{ipna}\phi_n(x-na)+\mathrm{e}^{ip(n+1)a}\phi_n(x-(n+1)a)+$$

$$\mathrm{e}^{ip(n+2)a}\phi_n(x-(n+2)a)+\cdots]\mathrm{e}^{-iEt} \qquad [14.2]$$

相位是有周期性的,$\mathrm{e}^{i2\pi k}=1$,所以,当 p 增加一个单位 $p \rightarrow p+\dfrac{2\pi}{a}$ 时,这个波函数和原来的完全一样。本书在第 13、14 两章中提到的动量都是晶格动量。它与普通动量的不同之处在于,它有周期性,差一个周期的动量被视为相等的:

$$p \equiv p+\frac{2\pi}{a} \qquad [14.3]$$

　　虽然能量和晶格动量的关系是材料的属性,但是我们知道,因为动量具有周期性,所以把能量和动量的关系画出来,它一定是一条周期性的曲线,如图 14.5 所示。

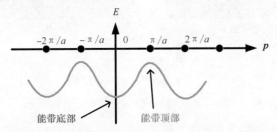

图 14.5　同一个能带中能量和晶格动量的关系

在同一个能带中，能量和晶格动量的关系大约就是图 14.5 所示的样子。能带底部在 $p=0$ 的位置时，能量曲线是一条凹的曲线，能量随着动量的绝对值增加，有效质量是正的。能带顶部对应着 $p=\pm\dfrac{\pi}{a}$ 的位置（二者是同样的动量）时，这时曲线是凸的，二阶导数是负的，有效质量也只能是负的。

14.3　pn 结

一块 p 型半导体紧贴着一块 n 型半导体，在这个交界面上，会发生非常有趣的物理效应。这样的一个结构叫作 pn 结。pn 结的应用有很多，它几乎是一切半导体器件的基础。

当把一勺盐倒进一桶水里，盐会在水里扩散，直到均匀分布，这是统计物理学的一个基本规律，粒子总是从浓度高的地方向浓度低的地方迁移，如图 14.6 所示。

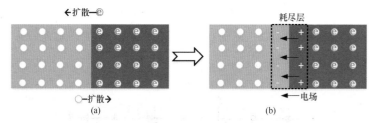

图 14.6　pn 结

如图 14.6(a) 所示，如果同一块硅片的两个相邻区域，分别进行 p 型和 n 型的掺杂，那么由于 p 区空穴浓度高，空穴会向 n 区扩散；n 区自由电子浓度高，电子会向 p 区扩散。当电子和空穴相遇，电子会跃迁到价带中填补那个空位,二者会中和掉。在 p、n 相接的界面上,会形成一层电子和空穴都消失的区域,叫作耗尽层。

但这个扩散不会一直进行下去。如图 14.6(b)所示,p 区本来是电中性的,在耗尽层中,损失部分空穴后就带负电,会吸引空穴阻止它们继续离开。同理,n 区在耗尽层中会带正电。耗尽层中会有一个电场,把空穴推向 p 区,把电子推向 n 区,最后达到一个平衡状态。

耗尽层的厚度通常在微米量级甚至更薄,掺杂浓度越高,耗尽层越薄。

pn 结的一个重要特性就是单向导电性,如图 14.7 所示。

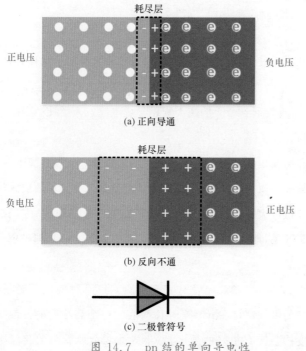

(a) 正向导通

(b) 反向不通

(c) 二极管符号

图 14.7　pn 结的单向导电性

如果在 p 区加正电压,n 区加负电压,在已经建立平衡的基础上,正电压制造更多的空穴会涌向耗尽区,负电压制造的自由电子也会涌向耗尽区,那么耗尽区就会变薄,空穴和电子在这里不断中和形成电流,这是 pn 结的正向,如图 14.7(a)所示。如果电压的方向反过来,空穴、自由电子都会远离耗尽区,那么耗尽区就会变厚,最后载流子枯竭无法导电,这是 pn 结的反向,如图 14.7(b)所示。

电子电路中常见的二极管就是由一个 pn 结制成的。单向导电的特性在电路设计中经常用到。

14.4 场效应管和 CMOS 技术

基于 pn 结,贝尔实验室的物理学家巴丁等人发明了晶体管,因此获得了 1956 年诺贝尔物理学奖。晶体管的发明启动了电子器件小型化的征程,一直发展到今天的超大规模集成电路。人类社会因此进入了信息时代。

本节介绍在集成电路芯片中最常见的晶体管——场效应管。

晶体管被发明出来的时候,是用来做信号放大的。场效应管虽然也可以用来做放大器,但是在今天这个信息数字化的时代,它们最主要的应用是开关,即用电压控制的开关。所有的数字芯片都是由一个个开关组成的。

如图 14.8 所示,场效应管有三个管脚,另外,衬底也需要通电。源极和漏极的管脚都接在 p 型半导体衬底上一个高浓度的 n 型掺杂区。高浓度掺杂区有很好的导电性,半导体与金属管脚的接触也很好。这两个管脚和衬底之间各自形成一个 pn 结。在实际使用中,p

型衬底会接到 0 电位, 源极和漏极的电位始终都是正的。这样两个 pn 结都是反向偏压, 不导通。我们不希望有电流从管脚漏到衬底里面。如果没有栅极的作用, 源极和漏极之间隔着两个反向偏压的 pn 结, 是不导通的。

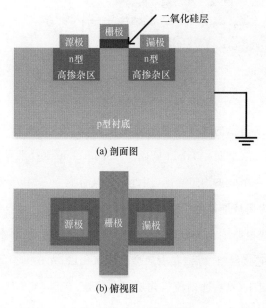

(a) 剖面图

(b) 俯视图

图 14.8 NMOS 管

　　栅极是起开关作用的。它是由金属或导电材料制成, 在栅极和硅衬底之间, 隔着一层绝缘的二氧化硅, 防止电流漏到衬底上。当把栅极施加高电压时, 它下面带正电的空穴会被排斥, 在材料中本来是少数的自由电子会被吸引过来。当电压超过一个临界值后, 栅极下面的一个薄层不再是 p 型半导体, 会被反转成 n 型区。这个 n 型反转区叫作沟道, 它把源极和栅极的 n 区连接起来, 源极和漏极就导通了, 如图

14.9 所示。

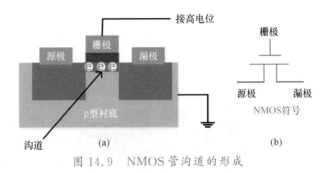

图 14.9　NMOS 管沟道的形成

　　图 14.8 所示的这种场效应管叫作 MOS 管,是按栅极下的结构命名的:Metal(金属)-Oxide(氧化层)-Semiconductor(半导体)。这种 MOS 管靠一个 n 型沟道导通,因此我们又称它为 NMOS 管。NMOS 管的特点为栅极加高电位时导通,低电位时关闭。

　　在集成电路中,NMOS 管的制造大致是这样的:晶圆本身一般是 p 型的,让它接触氧气后,其表面会生成氧化层,先在 p 型的晶圆上把栅极蚀刻出来,然后蚀刻掉氧化层,形成两个窗口,参见图 14.8 的俯视图,最后在这两个窗口内注入 n 型掺杂物,NMOS 管就完成了。

　　另外,还有一种 PMOS 管,如图 14.10 所示。

图 14.10　PMOS 管

　　因为晶圆是 p 型的,要先做一个 n 型的阱,再把整个管子做在这个阱里。源极和漏极下面是高浓度的 p 型掺杂区,n 阱这个时候需要接到芯片中最高的电位(一般叫作 VDD),源极和漏极的电位始终都不会超过这个电位,以保证下面的 pn 结都是反向偏压的。

　　PMOS 在栅极接 0 电位时是导通的,此时带正电的空穴会被吸引到栅极下面,形成 p 型的沟道,这个特性和 NMOS 刚好相反。

　　数字信息的处理是对大量比特"1"和"0"两个状态的运算。在芯片中,高电位代表"1",低电位代表"0"。依靠这两种开关,就可以完成所有的数字运算。

　　图 14.11 中所示的电路,输入 A 是 1 时,下面的开关打开,输出 0;输入 A 是 0 时,上面的开关打开,输出 1。输出和输入刚好相反,这种电路叫作非门。

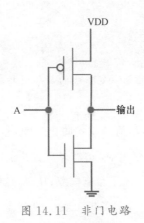

图 14.11　非门电路

　　读者可以尝试推导图 14.12 中的两个电路。图 14.12(a)中,只有当输入的 A 和 B 都是 1 时,输出为 0,否则输出为 1,此时叫作与非门。

图 14.12(b)中,当输入的 A 和 B 中有一个是 1 时,输出为 0,否则输出为 1,此时叫作或非门。芯片中所有的计算和数字信息处理的任务都可以拆分成这种运算。从计算机的 CPU 到手机的主芯片,都是由千万个甚至上亿个这样的门电路拼接而成的。

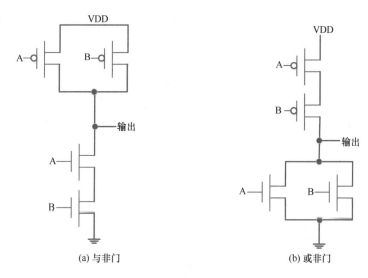

(a) 与非门　　　　　　　　　　(b) 或非门

图 14.12　CMOS 管的与非门和或非门

这种使用两种 MOS 管的技术叫作 CMOS。其中字母 C 代表英文的 complementary,是"互补"的意思。这几个门电路都有很好的属性:一旦输出稳定下来,就不会有电流;从 VDD 到 0 电位的每一个可能的通路中,总有一个开关是断开的。也就是说,一旦完成了计算工作,它们基本不耗电,只有极少的漏电。这三种门电路也可以用别的方法设计,但只有使用这两种互补的 MOS 管,才会有这样的优势。

在计算过程中,每一个开关的栅极会充进或释放一部分电荷,此时,这些电路才会消耗一小部分能量。随着半导体工艺技术的进步,MOS 管可以做得越来越小,能耗越来越低。我们常常听到"40 纳米工艺节点""14 纳米工艺节点"这样的词汇,说的就是栅极的宽度。纳米级 CMOS 电路完成一次计算消耗的能量已经非常小了。但即便如此,如今的超级计算机因为进行着海量的计算,每年的电费仍然可能会达上亿元。

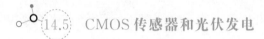

14.5 CMOS 传感器和光伏发电

在 3.3 节中,本书简单地介绍过光伏效应,现在可以对光伏效应有更深的认识。当光线的频率超过特定的数值,单个光子的能量足够克服材料的能隙时,光子就可以被电子吸收;而获得更多能量的电子会跃迁到导带上,成为自由电子。

本书在第 13 章中解释过:金属材料反射可见光,绝缘材料由于能隙太高,对可见光透明。只有半导体材料才会吸收可见光。可见光波段的光传感器只能使用半导体材料。把可见光转变为电能,也只能靠半导体。

把光能转变为电压,需要 pn 结。

一个光子进入 pn 结的耗尽区,被吸收后会产生一对电子和空穴。耗尽区内有一个电场,把空穴和电场向相反的方向拉动。电子被拉到 n 区,空穴被拉到 p 区。pn 结的作用是把电子和空穴分开,否则二者最后还会结合起来,最终变成热量,如图 14.13 所示。

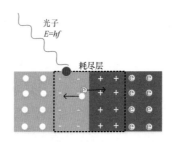

图 14.13　pn 结内的光伏效应

　　手机上的照相机就是利用这个原理。光传感器像素的示意图如图 14.14 所示。当曝光开始后，二极管的 pn 结不断产生空穴电子对，其中空穴被收集到 p 区，造成 A 点电位的升高。当曝光结束时，A 点电位经过放大后会产生信号输出，放电电路随后把积累在 A 点的电荷放空，准备下一次曝光。一个手机的光传感器会把上千万个这样的像素制成在一个芯片上。这种芯片可以用前面介绍的 CMOS 工艺生产，所以叫作 CMOS 传感器。这种传感器本身不能分辨颜色，硅的能隙比较低，对部分红外线也敏感，需要给它加上一个滤色片，才能记录彩色。

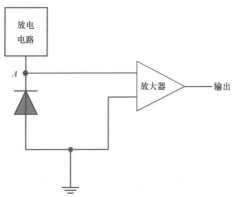

图 14.14　CMOS 传感器像素原理

在国内经受严重雾霾和全球变暖的压力下,太阳能发电能够提供绿色的可再生能源,是人类的一个希望。太阳能发电同样是利用 pn 结内的光伏效应。把硅材料制成含有 p 层和 n 层的薄膜,在顶部和底部分别加上电极,把光能产生的电荷收集起来,就成了光伏发电板,如图 14.15 所示。

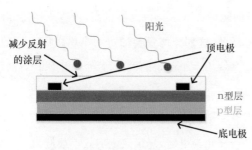

图 14.15 光伏发电

下面我们用能带理论分析光伏发电。由于 pn 结的耗尽层内有一个电场,用垂直于 pn 结的坐标画出来,能带在这个区域内是倾斜的,如图 14.16 所示。

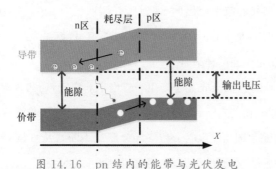

图 14.16 pn 结内的能带与光伏发电

一个光子在耗尽层内产生一对电子和空穴后,电子会移动到能量更低的 n 区,空穴则会移动到能带更高（但它自己的能量更低）的 p 区。只要能量高于能隙的光子,都可能被吸收。但自由电子产生后,很快就会和晶格发生多次碰撞,在流出发电板前,就会沉积到 n 区导带的底部,把多余的能量传给材料中的声子,从而变为热能。同样,空穴也会上浮到 p 区价带的顶部。

n 区电子的能量比 p 区空穴的能量高,就造成连接 n 区和 p 区电极之间产生电压差,这部分能量会通过两个电极以电流的方式输出。光伏发电板总是输出一个固定的电压,这个电压比材料的能隙小一点儿,对于硅来说,略超过 1V。

这项技术有一个缺点,无论入射光子的能量有多高,都只有一个固定的值能够被转化为电能,光伏发电的效率很低。

14.6 发光二极管

过去十年,LED 是一个飞速发展的产业。从圣诞节到元宵节,从城市夜晚到我们家里使用的水晶灯,五颜六色的 LED 灯点亮了我们的生活。LED 是 Light Emitting Diode 的缩写,就是发光二极管的意思,它的发光原理同样来自 pn 结。

半导体材料能吸收光子产生一对电子和空穴,逆向过程也同样可能发生:电子和空穴结合,辐射出光子。发光二极管就是给二极管施加正向电压,产生电流,电子和空穴会源源不断地从 n 区和 p 区流向中间的耗尽层,在那里相遇,互相中和后产生光辐射。

但是,发光二极管所用的材料却是比较特殊的。普通二极管通常用硅制成,而发光二极管常用三五族半导体材料制成。要解释这个原

因,必须进行技术性讨论,这需要再次用到晶格动量,如图 14.17
所示。

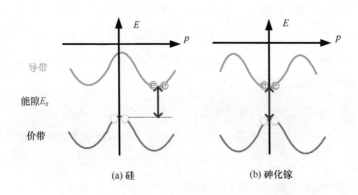

图 14.17　硅的间接能隙和砷化镓的直接能隙

能带是大量能量接近连续的能级,我们把能量用晶格动量标定出
来,每一个能带都是一条曲线。自由电子和空穴分别集中在导带的最
低点和价带的最高点附近。硅的两个位置的动量不一样,差得很远。
砷化镓两个能带的最低点和最高点的动量完全匹配了。前者称为间
接能隙,后者称为直接能隙。

硅的自由电子和空穴是不能直接中和辐射光子的。辐射光子的
过程必须遵守能量和晶格动量的守恒。电子和空穴的动量总和是一
个很大的动量,折合成波长差不多是两个原子间距。光子的波长有几
千个原子间距,相对于电子和空穴,可以认为它的动量是 0。这种相
互作用的动量无法守恒是不可能发生的。硅的电子和空穴结合后,可
以辐射出一个虚光子,然后把能量交给一个声子,就变成热能而不是
光能(关于虚光子,本书将在第 18 章中讨论量子场论时再介绍)。砷

化镓的电子和空穴都接近 0 动量，它们结合后产生光辐射。

硅仍然可以用来做发电材料。它可以吸收比能隙更高能量的光子，让电子"跳"到导带中与空穴动量相同的状态上；然后电子会由于和晶格的碰撞，很快"跌落"到导带的最低点。砷化镓也可以用来做光伏发电，但硅的成本更低。然而如果要做发光二极管，硅就只能让位于砷化镓这样的直接能隙材料了。

pn 结不仅能发出普通的光，还可以用来制作激光器。在 10.7 节中，本书介绍过激光原理。产生激光的条件是高能级上的电子数目比低能级上的多。激光二极管的 p 型和 n 型的掺杂浓度都非常高。通电后，大量的自由电子和空穴都涌入中间地带。在某个位置上，会同时有大量的空穴和自由电子，造成导带底部的电子数量比价带顶部的多，这成就了产生激光所需要的能级反转。

半导体激光器的一大优点就是可以小型化。并且，它可以直接把电能转换为光，不像之前的激光器，需要用一个普通的光源把电子激发到高的能级上。光碟机内的激光器就是半导体的。光纤通信同样离不开半导体激光器。

作为一种光源，LED 除小型化外，还有寿命长、省电等优点。人类最早发明的电灯是白炽灯，需要把灯丝烧得炽热，靠黑体辐射产生可见光，大部分电能变成了热能，发光效率非常低。节能的荧光灯（日光灯）靠高压电把水银蒸气的原子激发到高能级，辐射紫外光，然后靠荧光粉把紫外光转变成白光。荧光灯只需要白炽灯 1/3 到 1/4 的功率，就可以有同样的亮度。而 LED 这种直接从电能到可见光的转换模式，耗电还不到荧光灯的一半。

了解了 LED 的发光原理，就会知道它的颜色取决于材料的能隙。

最早的 LED 是发射红外光的。随着能隙更高的材料(如砷化镓、磷化镓等)的成功开发,红色和绿色的 LED 相继被发明。在很长时间内,三原色中,LED 一直不能提供蓝光。有了蓝光 LED 就可以有任何颜色,还可以有白色的 LED。白色可以由三原色调配而成,也可以用蓝光和荧光粉产生。红色和绿色的光子能量不够高,是不能用荧光粉变成蓝色和白色的。LED 是节能的光源,如果用于生活照明,能为全世界节省大量的电力。

经过物理学家中村修二、赤崎勇、天野浩三人在 20 世纪 90 年代的努力,基于氮化镓的蓝光 LED 终于开发成功,并在 21 世纪初大量投入市场,使 LED 终于走进千家万户,三人也因此获得了 2014 年诺贝尔物理学奖。

带给我们绿色未来的光伏发电

满江红·秋声赋

作于 2020 年秋，中国面临国外的科技封锁和安全威胁、世界面对新冠疫情之际。

寥落高天，
风声里、
黄枝摇曳。
秋世界、
五洲纷吵，
鹤鸣鸦泣。
东海岛礁浊浪滚，
西疆峰岭乌云密。
正瘴毒、
横扫小寰球，
多愁季。

海潮涌，
山矗立。
鹰怒下，
龙腾起。
未白头年少，
尚须加力。
屏上中华芯构想，
书中量子高科技。
望夕阳、
红叶染秋山，
飞扬意。

第 ⑮ 章　量子点与介观物理学

在第 13、14 章中，本书讨论了能带理论，以及这个理论在不同领域中的应用。能带理论研究的是宏观物质，一块物质中原子的数量被认为是无穷多的。

如果一块物质里的原子没有那么多，这个理论还需要修改。修改后的理论预言了一些新的物理效应，对现代纳米技术非常重要。

研究介乎于宏观与微观之间的物理现象的学问被称为介观物理学，量子点就是介观物理学的一个应用。

15.1　介观物理学简介

从单个原子堆积到一小粒晶体，两个原子能级的演化如图 15.1 所示。

当多个原子结合成一小粒晶体时，原子的每一个能级都分裂成很

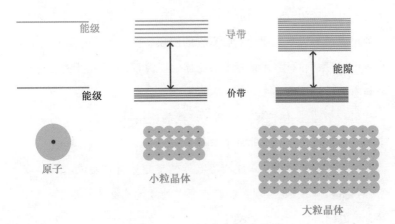

图 15.1　小粒晶体的能带

多个,成为一组晶体的能级。随着颗粒变大,里面的原子越来越多,每一组能级的数量越来越大,分布越来越宽,同时也越来越密。逐渐地,每一组能级成为一个能量连续分布的能带。

当晶体的颗粒在纳米级时,它的属性和同样材料组成的宏观尺度的物质有所不同,其能带不是完全连续的,能带的宽度也比宏观物质小。物理学家们给这种颗粒起了一个名字,叫作量子点。对量子点的研究催生了一个新的物理学分支——介观物理学。介观是介于宏观和微观之间的意思,一般指 1～100nm 的尺度。

介观世界中的物体有很多不同于宏观世界物体的特性,能带就是其中之一。

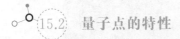

15.2　量子点的特性

与宏观尺度的同一种物质相比,量子点有自己的特性:首先,它的能带不是连续的，能带内相邻的能级之间有空隙，所以它对于较低频率的电磁波来说是透明的；其次，它的能隙高度与颗粒的大小有关，颗粒越大，能隙则越小，越接近宏观物体的能隙，而宏观物体的能隙只与材料有关。

后一个特性，使量子点得到了广泛的应用，使对量子点的研究成了当代前沿科技中一个非常活跃的领域。

量子点通常使用二六族或三五族的半导体材料制成，比如，硫化铅、硒化镉、砷化铟等，现在已经有了多种技术能够大批量生产它们，并且可以同时控制它们的尺寸。

频率高于能隙的光都可能被吸收，从而让电子从价带跃迁到导带上。但这些量子点辐射出来的光子，能量总是很接近能隙。因为跃上导带的电子会在和晶格声子的热碰撞中很快地跌落到导带的底部。量子点辐射出来的光有很纯的颜色，具体的颜色与它的颗粒大小有关。量子点有吸收不同频率、辐射固定频率的荧光效应，如图 15.2 所示。

图 15.2　量子点虹彩般的荧光

一直以来,颜色都是材料的属性。量子点给我们提供了一种技术,可以用同一种材料任意地调节颜色。有可能 2～3nm 的颗粒是蓝色的,7～8mm 的颗粒就是红色的。半导体材料大多数能隙比较低,到了宏观尺度,荧光就在红外了。量子点的一个应用就是把这些颗粒悬浮在液体中做染料,做频谱很窄、颜色很纯的特殊染料。同时,可以用来做防伪标签,一些无毒的量子点被用来做医药研究以追踪身体内的药物。

在 14.5 节中,本书介绍了半导体光伏发电的原理。无论光子的能量有多高,这种形式的光电转换只能从光子中提取一个固定的约等于能隙的能量,这制约了光伏发电的效率。量子点能够调节同一种材料的能隙,使用量子点可以制成成本较低的复合光伏器件,以不同的量子点分工吸收不同频率的光,达到更高的效率。

更有意思的是,实验发现,一个高能量的光子可以在量子点中产生多个电子空穴对。虽然这种现象目前还没有完整的理论解释,但是这毫无疑问会帮助提高光伏发电的效率。

15.3　量子走进你家——量子点电视

量子点最引人注目的应用就是当下正在热销的量子点电视。要理解量子点在电视屏中的作用,我们首先要介绍液晶显示器(LCD)的原理。

一个液晶显示屏由很多像素组成。电器店中标着 4K 的电视,显示屏上有 800 万(4 000×2 000)个像素,每个像素如图 15.3 所示。

量子点电视的艳丽色彩

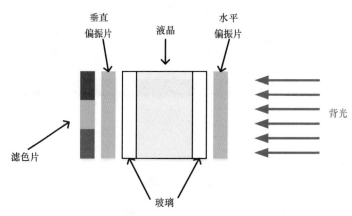

图 15.3　液晶显示器原理

　　液晶显示屏的核心部分是夹在两层玻璃之间的液晶材料。玻璃上有印刷电路,电路的导线是用氧化铟锡这样的透明导电材料制成的。液晶材料有长条状的分了,沿着分子方向传播的光的偏振方向会发生旋转。

　　在两层玻璃之外,液晶显示器有两层偏振片,偏振的方向互相垂直。此外,液晶屏还需要一个光源,叫作背光。背光通过第一层偏振片,变成一束线偏振的光,损失一半能量。如果没有电信号,那么这束偏振光将被第二层偏振片挡住,屏幕上将会显示一个黑点。但如果在两层玻璃之间施加一个电压,那么有极性的液晶分子的排列方向会趋近统一,光的偏振方向会旋转,会有一部分光透过来。在电压更大时,可以让光的偏振方向旋转 90°,穿过第一层偏振片的光几乎可以全部透过第二层偏振片,所以调整电压可以控制亮度。

　　液晶实际就是一个光的阀门。它不但不能自己发光,而且还是一个"色盲"。液晶显示屏是怎样产生彩色的呢? 只能靠滤色片。液晶显示屏的每一个像素点都由三个子像素点组成,分别在其前面加上红色、绿色和蓝色的滤色片。背光必须用白色,光线穿过滤色片要损失 2/3 的能量。控制三个子像素的亮度,就可以合成各种颜色。

为什么用红、绿、蓝三种颜色就可以调出所有颜色呢? 答案不在物理学,这涉及人类视觉的机制。人的眼睛里有三种视锥细胞负责感受颜色,分别对红色、绿色、蓝色的波段敏感。世间万物的颜色,从物理学的角度看,要比红绿蓝三原色复杂得多,但只要给这三种视锥细胞相同的感受,就可以骗过人眼。两个在人眼看来是同样颜色的东西,它们的光谱可能是有很大不同的,这种不同要通过棱镜才能分辨出来。鸟类能够看到四种颜色,人类发明的彩电的颜色可能骗不过鸟类的眼睛。

现在商店里卖的液晶电视大部分都标称为 LED 电视。所谓的 LED 电视,是用本书在 14.6 节中介绍的发光二极管作为液晶显示屏的背光。因为 LED 发光效率高,体积小,所以 LED 电视比之前的液晶电视更省电、更薄。

在液晶显示中应用滤色片不是一个理想的解决方案。滤色片对频带很宽的光透明,如一个红的滤色片,也会透过一些黄色、绿色的光。LED 背光是用蓝色的 LED 涂上一层荧光粉变成白色的,其光谱是连续的。这样,LED 电视的三种颜色都不纯,会影响图像的质量。

在这种场合下,量子点就可以发挥作用。新一代的量子点电视,是用红色、绿色的量子点材料取代原来的荧光粉。量子点吸收蓝光,产生红色、绿色的荧光,再和原来的蓝光一起配成白色。按之前介绍的原理,此白色非彼白色,它的光谱是三条很窄的红、绿、蓝线。绿光不会透过红色、蓝色的滤色片,显示屏上的红、绿、蓝三种子像素都能发出很纯的颜色。量子点电视有更准确、更艳丽的颜色。

现代电子技术背后都有量子力学的原理。但量子点这个词很酷，商家喜欢，因此量子点电视就成了最新的卖点。

下一代的量子点电视不仅不使用荧光粉，滤色片也会被量子点取代。这要求把不同颜色的量子点作为涂层覆盖在每一个子像素上面，工艺上的难度要高得多。但滤色片会损失 2/3 的能量，量子点则可以把每一个进来的蓝色光子转变成红色、绿色的光子。这样的量子点电视更亮、更省电。同时，因为量子点的荧光会向各个方向发射，所以这样的电视会有更广的视角。

终极的量子点电视是和 OLED 技术相结合的。

虽然名字接近，但是 OLED 和 LED 电视是完全不同的显示技术。它完全摆脱了液晶，每一个像素点就是红、绿、蓝三个小小的 LED 灯。OLED 中的"O"是有机的意思，这种 LED 使用的是有机半导体材料。OLED 显示要比液晶显示更省电，OLED 没有偏振片的 50% 的能量损失，并且如果一个像素是暗的或黑的，OLED 会调小或关断电流，而液晶电视后面的背光，必须一直点亮。所以，OLED 显示技术首先在对功耗要求更高的智能手机上得到了应用。

对电视来说，OLED 显示会有更好的对比度。OLED 的像素可以完全不发光就能显示黑色，而液晶电视的偏振片不可能把不同偏振方向的光完全挡住，总会透过来一些光，不会是全黑的。

目前，OLED 电视生产成本更高，亮度也比不上液晶电视。

未来的 OLED 会把一层量子点夹在电子型和空穴型的两层有机半导体中间，通电以后，电子和空穴在量子点内部结合，发出特定颜色的光线。量子点 OLED 比原来的 OLED 成本更低，颜色更好。

这样的 OLED 电视，有可能在几年以后进入你家。

第16章 二维量子力学与石墨烯

到目前为止,本书讨论的都是三维空间里的量子力学。为了便于理解,本书的很多插图只画出了三维空间中的一个维度。但实际上,三维空间里的物理现象远比分出来的一个维度复杂。物理专业的学生需要学会用高等数学工具去解决这些问题。

有些物理现象是二维的。这里说的二维并不只是一个没有厚度的面,只有一层原子的晶体也可以被认为是二维的。如果粒子在 z 轴方向上受约束,波函数在这个方向上固定而没有变化,那么这样的系统也可以被认为是二维的。

二维空间的数学毕竟比三维空间要简单。二维量子力学的方程经常可以得到简单漂亮的解,为理论物理学家们所喜爱。二维量子力学有一些有趣的现象,这些现象的研究成果也得到了重要的应用。

石墨烯是最著名的二维材料,它非常特殊,因为它是导电性能比所有导体都好的半导体。

石墨烯结构

16.1 石墨烯和它的结构

最著名的单层原子物质就是石墨烯了。讨论石墨烯，要从形形色色的碳讲起。

烧火用的木炭、做铅笔芯的石墨，以及钻石，是纯的碳，是由一个个的碳原子搭建起来的，但它们之间的差别太大了。木炭不是晶体，石墨和钻石都是晶体；钻石透明、闪亮且坚硬无比，石墨呈黑色、非常松软；钻石是绝缘体，石墨却是导电的。这些巨大的差别源于不同的晶体结构。这些由同种元素构成的不同结构的物体，术语上叫作同素异形体，如图 16.1 所示。

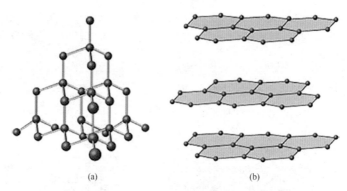

(a)　　　　　　　　　(b)

图 16.1　钻石的晶体结构和石墨的晶体结构

如图 16.1(a)所示，钻石的晶体结构是一个三维的结构。碳是 4 价元素，需要"牵手"引进 4 个外来电子形成共价键，才能达到一个稳定的结构。钻石中的每个碳原子都和相邻的 4 个碳原子形成共价键；那 4 个原子坐落在一个正四面体的顶点上，这是一个非常坚实、牢固的结构。碳-碳共价键的强劲和这个稳定的结构,就了坚硬的钻石。钻石可以代表永恒的爱情,也可以用来做切割玻璃的刀具和钻头。

　　石墨则是一个分层的结构,如图 16.1(b)所示。其每一层是一个正六角形组成的蜂窝状网络,层内相邻原子的间距是 0.14nm,层与层之间的距离是 0.34nm。层与层之间的结合力,就是本书 12.4 节介绍的伦敦力,很弱。石墨很松软是因为层与层之间很容易剥离。一经摩擦就产生细粉的石墨,很适合做铅笔芯。

　　钻石和石墨这一对同素异形体生动地展示了物质的属性不但与组成它们的原子有关,还与搭建它们的晶体结构有关。钻石珍贵是因为生成这种特殊的晶体需要地层深处的高温高压。不过,它毕竟是由很普通的碳元素构成的,可以人工合成,现在人工合成的钻石的质量也越来越好了。

　　4 价的碳元素为什么可以生成六角形的晶体呢? 要解释这个结构,就需要把本书 12.2 节中介绍过的共价键再讲得深入一些,π 键的介绍,如图 16.2 所示。

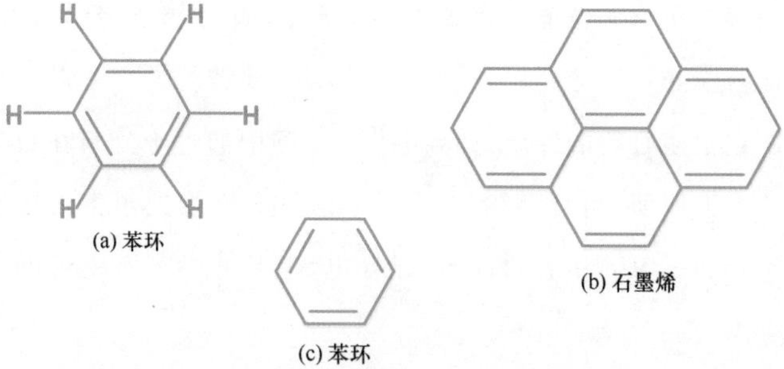

(a) 苯环

(c) 苯环

(b) 石墨烯

图 16.2　苯环和石墨烯的 π 键的简单理解

高中化学课里学到的由 6 个碳原子和 6 个氢原子组成的环形苯

分子,里面就有一个 π 键。苯分子结构中的碳原子,要由 4 条线引出去。所以苯分子有时候画成图 16.2(a)所示的样子。按同样的原则,可以把石墨烯的晶体网络画成图 16.2(b)所示的样子。但这种图像过于简单化,这个六边形有的边是单键有的是双键,看似不对称,但实际上由 π 键结合起来的碳原子环是完全对称的正六边形。这个简单的图像可以稍微改进一下:苯环有两种可能的构成[见图 16.2(c)],一个碳原子可以挑选相邻的两个碳原子中的任何一个形成双键;真正的苯分子是这两种可能性的量子叠加,对于石墨烯而言,则是三种可能性的量子叠加。

量子力学的波函数给出了真正清晰的关于 π 键的图像。如图 16.3(a)所示,碳原子有 4 个最外层电子,分布在 2s 和 2p 轨道上;在石墨中,1 个 2s 轨道和 3 个 2p 轨道重新组合成 3 个 σ 轨道和 1 个 π 轨道。3 个 σ 轨道是椭圆形的,分布在一个平面上,角度间隔 120°,π 轨道是哑铃形的,垂直于这个平面,如图 16.3(b)所示。碳原子的 σ 轨道互相"牵手"形成 σ 键,构成蜂窝状的石墨网络,如图 16.3(c)所示。相邻原子的 π 轨道互相接触形成 π 键,如图 16.3(d)所示。

把石墨的一层分离出来,就是石墨烯。σ 键给了它坚强的结构,π 键给了它很多有趣的性质,如导电性。π 键中的电子分布在石墨烯原子层的上下两面,当石墨烯堆积成石墨后,π 键受到很大的影响。石墨虽然有和石墨烯相似的性质,如导电,但是并没有石墨烯的一些突出特点。

早在 20 世纪 40 年代,石墨烯就被研究过。物理学家们知道,这会是一种很有趣的物质。但是,制造单层原子的物质太难了。直到 2004 年,两位物理学家安德烈·海姆和康斯坦丁·诺沃肖洛夫成功

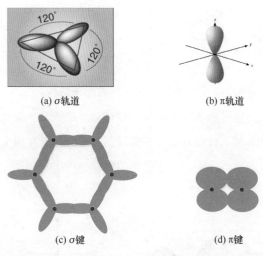

(a) σ 轨道　　　　　　(b) π 轨道

(c) σ 键　　　　　　(d) π 键

图 16.3　σ 键和 π 键

分离出单层的石墨烯,并对它们的物理性质进行测量。他们用的方法很简单,就是把胶带粘在石墨晶体上再撕下来。他们发明了从胶带上的大量碎屑中找到单层石墨烯的技术,二人因此获得了 2010 年诺贝尔物理学奖。

虽然石墨是松软的物质,但是石墨烯的 σ 键很强劲,蜂窝状的网络又是一个非常稳定的结构,按厚度平均下来,石墨烯是已知的最强硬的物质,超过钻石(当然,它毕竟只有一层原子)。石墨烯是世界上熔点最高的物质之一,其熔点到现在还没有被测量出来,理论预计至少 4 200℃以上,甚至可能高达 5 700℃,即使到了太阳表面都不会融化。

研究石墨烯时,可以将其悬空夹住,也可以铺在二氧化硅这样的绝缘体上。这些绝缘体的带隙很高,石墨烯的自由电子很难进入,对石墨烯特性的影响不大。

16.2 奇妙的石墨烯能带

石墨烯的一些特殊性质来源于它独特的能带结构。

本书介绍过,能带中能级的能量是晶格动量的函数。如果选择一个动量分量画图,那么能带就是一条曲线。二维空间里有两个动量分量,每一个能带都是一个曲面。石墨烯的能带如图 16.4 所示。

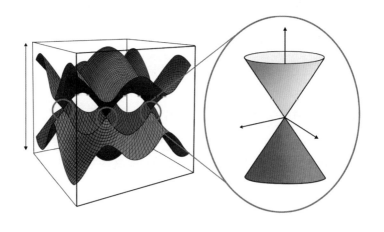

图 16.4　石墨烯的能带

图 16.4 中显示了按动量的两个分量画出的上下两个曲面,分别是导带和价带。这两个曲面,在二维动量空间中,有 6 个点相接触。在接触点附近,两个曲面是对接的两个圆锥。

虽然碳和硅都是 4 价元素,但是硅是最典型的半导体,钻石由于能隙太高,只能是绝缘体。石墨烯则是另外一个"极端",它被划分成半导体,因为在绝对零度下,它的导带是空的,理论上不能导电,但实际上它是一种能隙为零的半导体!

半导体内自由电子和空穴都会集中在导带底部和价带顶部。石墨烯的自由电子和空穴都会集中在那六个锥尖般的奇异点附近。

需要进一步指出的是,这六个点其实是两个点!晶体对称性对动量空间的影响需要用比较高深的数学知识来研究,但如果在二维的情况下,解释起来还是相对容易的。

如果一种晶体在某一个方向上有周期性,那么它的电子的晶格动量在同一个方向上也有周期性。图 16.5(a)所示是石墨烯的晶体结构,它在 a、b、c 三个方向上都有周期性,周期就是一个六边形的宽度。所以,石墨烯的晶格动量在这三个方向上同样有周期性。a 方向动量的周期性,就是说在这个方向上把动量加减一个固定的周期,得到的是和原来相同的动量,这样就把有效的晶格动量限制在一个带状的区域内。从图 16.5(b)中可以看到,a 方向的周期性,使 K_1 和 K_2 是相同的动量,K_1' 和 K_2' 也是相同的动量。把 b 和 c 方向的周期性考虑进来,K_3 和 K_1、K_2 是一个点,K_3' 和 K_1'、K_2' 也是一个点,我们可以用 K 和 K' 代表这两个不同的动量点。a、b、c 三个方向的周期性,三个带状区域交叠,把电子有效的动量局限在图 16.5(b)那个孔雀蓝的六角形区域内。这是一个奇妙的六角形,只有三条边和两个顶点。

石墨烯中导带和价带接触的位置,就在这个六角形的六个角上。现在我们知道,六个点中只有两个是独立的。

能隙为零的半导体,导电性能不会差。

普通半导体的导带底部和价带顶部是凹凸的曲面,石墨烯能带的顶部和底部却是个锥尖。在 13.3 节中,本书介绍过晶体中电子的有

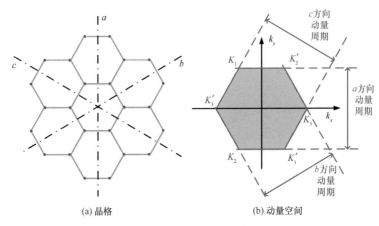

(a) 晶格   (b) 动量空间

图 16.5   石墨烯的晶格和动量空间

效质量,能量对动量的二次导数是有效质量的倒数。在锥尖上,这个二次导数是无穷大的,意味着石墨烯中的自由电子和空穴的有效质量都是 0!

有效质量是 0,并不意味着电子会有光速。与光子一样,无论电子动量多大,石墨烯中的自由电子和空穴都按一个固定的速度运动。这个速度大约是每秒 1 000km,比光速慢了不少,但比其他半导体材料中电子的速度都快得多,达到了导体的级别。

更奇妙的是,无论是电子还是空穴,只有两个可能的动量 K 和 K',无论方向还是大小,都没有别的选择。而一般的导体,导带填得半满时,导带上层的电子,在各个方向的动量都有。电阻形成的原因是自由电子和晶格的碰撞。在一般的导体中,任何碰撞都可能发生,碰撞后电子可以任意改变方向。在石墨烯中,只有这样的碰撞可能发生:电子的动量从 K 变成 K',或者相反。经过理论推算,这样的碰撞发生的概率非常小。在金、银、铜这样的良导体中,电子平均每运动几十纳米,就会与晶格发生一次碰撞(这个距离叫作平均自由程);在石墨烯中,电子和空穴的平均自由程超过 $1\mu m$。作为半导体,石墨烯内的自由电子和空穴的数量少于金属材料。即便如此,按厚度折算下来,半导体石墨烯的导电能力也强于所有导体。金属中电阻率最低的是银,石墨烯的电阻率还不到银的 2/3。

石墨烯不仅是世界上已知的最坚硬的物质,也是常温下导电能力最好的物质,同时,它的导热性能也非常好。

石墨烯还有很多有趣的特性,为了避免过多涉及专业领域,这里就不一一介绍了。值得一提的是,2018 年,一位还在美国攻读博士的年轻的中国物理学者发现了两层石墨烯以一个小的夹角叠合在一起,会在低温下变成超导体,轰动了世界。

16.3 石墨烯的应用

近年来,已经有了多种方法可以批量生产石墨烯,国内已经建立了生产线,石墨烯的售价下降得很快。这种特殊材料已经在几十个领域中得到广泛应用。

首先,石墨烯是一种透明的导电材料。

认真地讲,石墨烯不是透明的,它的能隙为零,肯定会吸收光,石墨是黑色的,正是基于这个原因。但作为单层原子的材料,石墨烯对光的吸收还不到 3%,而它的导电性能却已经非常好了。

液晶显示屏和 OLED 显示屏都需要印在玻璃的透明导电材料上。光伏电池的顶电极也是透明的导电材料。石墨烯与目前流行的氧化铟锡相比更透明，导电性能更好，有望在未来为我们提供更干净、透亮的显示屏。更重要的是，作为单层原子的材料，石墨烯很容易弯曲，而氧化铟锡则很脆。对于未来的柔性显示屏而言，石墨烯显得更加不可或缺。

充电电池在绿色能源产业中扮演着核心角色，石墨烯得到了电池生产商的青睐，用来做电池的电极。作为单层原子的材料，它有着同样重量下最大的表面积，可以和电池内的电化学物质充分接触。它的网状结构允许其他原子、分子渗透过去，在某些类型的电池中非常有用。它很轻，导电性能还超过了所有的金属。因此，电池中的石墨烯，可以缩短充电时间，降低电池重量，提高电容量。国内外厂家生产的石墨烯电池，已经呼之欲出。

更重要的是，作为一种半导体材料，石墨烯可以按照第 14 章中介绍的原理，通过掺杂变成 p 型和 n 型，进一步形成 pn 结，制造晶体管和场效应管。石墨烯的导电性能和电子迁移的速度比硅强得多。用石墨烯制造的芯片比硅芯片的运算速度至少快十倍。目前，硅材料的半导体工艺已经越来越接近极限。我们的台式计算机在 3GHz 的运行频率下，已经很多年无法更进一步了。而石墨烯的集成电路在实验室里已经实现了 100GHz 的运行频率。

也许未来的芯片都会用石墨烯来制造。并且，这些芯片可以铺在透明、柔软的衬底材料上。电路板上用石墨烯制成的导线也是透明的。我们在科幻电影里看到的炫酷的未来计算机，将来可以通过石墨烯来实现。

早在 1911 年,荷兰物理学家昂纳斯就发现了超导现象。他在制冷技术方面取得重大突破,首次成功实现了惰性气体氦的液化。在一次实验中,当温度降到 4.2K 以下时,他发现冷冻成固态的水银的电阻忽然消失了。因为制成液氦和发现超导现象,昂纳斯获得了 1913 年诺贝尔物理学奖。

那个时候,量子力学还没有诞生。直到近半个世纪以后,物理学家才彻底明白超导原理。如果没有量子力学,那么根本无法理解这个非常特殊的物理现象。

在最终破解了超导现象后,物理学家们发现:超导的机理是两个自由电子可以在材料中组合成对,称为库珀对。作为一个复合粒子,库珀对不再需要遵守泡利不相容原理,材料中的所有库珀对都聚集在同一个量子态上,变成了超导体。超导是宏观的量子现象,因为库珀对的波函数是可以在宏观尺度上观测的。超导体不仅具有零电阻,还有很多奇特的物理性质,如约瑟夫森结,都需要用量子力学解释。在研究超导体时,我们不能再使用欧姆定律、磁场这样的经典规则,而需要直接使用波函数和第 6 章讲到的矢量势。

如今,由于应用广泛,超导也被人们所熟知。上千种物质,包括近 30 种元素,陆续被发现在低温下会变成超导体。早期发现的超导体转变成超导的临界温度通常在 40K 以下,近 30 多年来,一些更高临界温度的超导体被发现。还有一些物质和元素会在高压和低温条件下变成超导体,比如,臭屁、臭鸡蛋里的硫化氢气体。2015 年,科学家们发现,在 1×10^{11} Pa 下,已经变成晶体的硫化氢可以在高达 203.5K 的临界温度以下(差不多是干冰的温度)转变成超导体,这也刷新了当时高温超导的纪录。

17.1 超导的机制

形成超导的第一层机制,源于晶体中的电子之间有一种相互吸引力。都说异性相吸,两个带负电的粒子,难道不应该互相排斥吗?排斥力当然存在,但是还有另外一种效应使它们互相吸引,而且在某些材料里面,后一种作用更强。

这种同性之间的吸引力,来源于晶体中自由电子和晶格的相互作用。传统的量子力学解释如图 17.1(a)所示,电子与晶格发生碰撞,产生一个晶格振动的声子,声子传播一段距离后又与另外一个电子发生碰撞,间接导致两个电子间的相互作用。这一现象不容易说明这两个电子是互相吸引的。图 17.1(b)给出了一个形象的解释:当一个自由电子闯入一个区域时,本来静电电荷平衡的区域带上了负电,于是这个区域就会吸引附近带正电的原子核向它靠拢。原子核很重,当这个电子离开后,位置恢复还需要一段时间,原子核甚至可能由于惯性继续靠拢。在这段时间内,这个区域集中了正电荷,会吸引另一个电子过来,跟着前一个电子走。

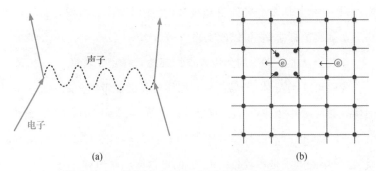

(a)   (b)

图 17.1 晶格中电子之间的相互吸引力图示

这种效应首先是被库珀发现的。他指出,两个电子可以因此结成对,束缚在一起运动。这种由两个电子组成的复合粒子叫作库珀对。库珀对的吸引力是作用在比较远的距离上的,两个电子平均隔着多个原子并不会妨碍它们组成一个复合粒子。当然,两个库珀对可以发生碰撞,也可以在碰撞中交换电子。更重要的是,由于同样的机制,库珀对之间也相互吸引,倾向于协同运动。

形成超导的第二层机制在于,由两个费米子组成的库珀对是玻色子。玻色子不符合泡利不相容的规则,两个玻色子可以处于同一个量子态上。在低温下,当几乎所有的库珀对都凝聚在同一个量子态上时,超导就发生了。

超导是类似于玻色-爱因斯坦凝聚的现象,差别在于,后者是在温度降到极低时才逐渐出现,而超导是一个相变,是在一个临界温度以下突然出现的。

相变是自然界中常见的现象。比如,水分子之间虽然有带着极性的吸引力,但是只有在 100℃ 以下,它们才会突然凝聚成液体;只有在零度以下时,它们才会突然自动排序,变成固态冰。温度是物体内部热运动强度的标志,它可以改变物质的形态。

让我们从能带理论的角度来更详细地解释超导现象。

我们知道,在导体中,导带只是固体材料的能带结构之一。从动量能量的空间看,电子像是海洋,把低处都填满了;"海洋"的表面有"浪花",由于热运动,电子会在附近的能级之间上下跳跃,如图 17.2(a)所示。"海面"这一层的电子是比较自由的,它们可以结成库珀对。

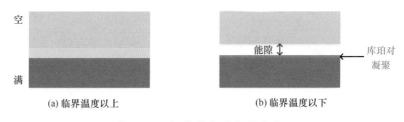

图 17.2　超导带来的能带变化

在临界温度以下,超导体的导带忽然在原来的"海面"上分裂出一个小的能隙,如图 17.2(b)所示。能隙之下,原来的自由电子结成库珀对,都凝聚到一个共同的量子态上。能隙的存在是因为电子需要得到额外的能量挣脱库珀对内彼此的束缚及其他库珀对的电子吸引。在能隙的范围内,不存在任何量子态。

宏观物体中,第二低的能级和最低的能级之间的差别非常小。所以只有在千万分之几开(K)这样极低的温度下,才可能发生玻色-爱因斯坦凝聚。正是由于库珀吸引力造成的能隙,才使超导可以在几开到几十开之间的温度下出现。

由于海量的库珀对沉积在同一个量子态上,超导成了宏观的量子现象。经典的电动力学完全不适用于超导体和电磁场的相互作用。

上述理论是由巴丁、库珀和施里弗三人在 1957 年提出的,被称为 BCS 理论,三人因此在 1972 年获得了诺贝尔物理学奖。发明晶体管的巴丁则成了两次获此殊荣的物理学家。

不过,BCS 理论并不适用于 20 世纪 80 年代以来发现的高温超导体。那些高温超导体是含过渡金属元素的陶瓷材料,在常温下是绝缘体。它们和以上描述的库珀对形成的场景完全不同。BCS 理论并不能解释高温超导体。1987 年,首先发现陶瓷超导体的约翰内斯·贝德诺尔茨和卡尔·米勒两人获得了诺贝尔物理学奖。科学界至今没有关于这些新型的超导材料的权威理论。

17.2　永不消逝的电流

超导体是完美的导体,不仅它的电阻完全无法测定,而且超导体内的电流一旦产生,不需要电源,就会永远地维持下去,不像普通电路,一旦切断了外部电源,电流瞬间就消失了。本书第 9 章介绍的核磁共振需要很强的磁场。磁场是用电磁铁产生的,需要很大的电流,这样的电磁铁,正常情况下极其耗电。医院里的核磁共振仪就使用了超导电磁铁,只是在开机时需要给磁铁的线圈通电,然后只需要用电维持低温,磁铁里面的电流和磁场,经过很多年都测不出有任何衰减。

电阻是由运动的电子和晶格碰撞产生的。你也许会把晶体里的电流想象成用机枪对着茂密的森林扫射，总有一些子弹会打到树上。那么，超导体为什么可以完全没有电阻呢？

上述子弹和树的比喻，对于原子世界来说是不准确的。微观世界是空的，电子必须和晶格发生相互作用，才有碰撞产生。相互作用的发生是有条件的，如要满足能量动量的守恒，如要有一个新的量子态，可以让电子"跳"过去。

在超导体中，所有的库珀对都凝聚在能量最低的状态下。在宏观尺度物体中的库珀对的最低能级基本上是 0，也就是说，它们的质心基本上是静止的。所以，库珀对无法通过和其他微观物体的碰撞损失能量。

如果有了电流，库珀对显然有了动能，那么它们还是处于最低能量的状态吗？为什么电流不会停下来？实际上，导体、超导体内都有海量的载流子（自由电子、库珀对），载流子的一个极小的移动速度就可以产生强大的电流。导体、超导体内载流子的迁移速度每秒钟以毫米甚至微米来计算。这样的速度即使在宏观世界都很慢，在电子运动速度达每秒上千千米的微观世界中，这个速度更加微不足道。

所以，外部电磁场产生电流后，凝聚了库珀对的波函数会发生变化，但其能量的增加非常小，不足以完全颠覆图 17.2(b) 的能隙。由于库珀对之间存在吸引力，超导的电流是有黏性的，虽然单个库珀对可以选择更低的能级，但是从电流中挣脱出来仍需要付出更多的能量。

碰撞还是会发生的。一个高能量的声子可以从电流中把一个库珀对撞开；把两个电子送到更高的能级上，需要付出至少两倍能隙的代价,这样的事件会使电流减少。但同时被热运动撞到高能级的一对电子还可以重新结合起来,"跌落"到这个电流中。这个动态平衡足以保证电流一经产生就永不消逝。

当然,超导体内的电流也不能无限增加。电流强度超过了一定的限度,超导体就会变成普通导体了。

17.3 迈斯纳效应和磁通量的量子化

导体不允许外部静电场进入,导体内部的电场强度 $\vec{E}$ 为 0。超导体不但不允许外部电场进入,而且也不允许外部磁场进入,超导体内部的磁场强度 $\vec{B}$ 是 0;外部磁场进入表面的深度在 100nm 左右。也可以说,超导体都是完美的抗磁体,如图 17.3(b) 所示。

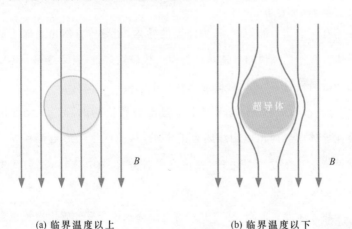

(a) 临界温度以上　　　　　　　　(b) 临界温度以下

图 17.3 超导体的迈斯纳效应

当然,磁场强度也不能无限增大,超过了一定限度,超导体就会变成普通导体。超导体能够抵抗的最大磁场强度还与温度有关,只有显著低于临界温度,才能更好地抵抗磁场。超导体的这种特性被称为迈斯纳效应,如图 17.4 所示。

图 17.4　由于迈斯纳效应浮在磁盘上的超导体

有一个简单的想法,作为完美的导体,超导体自然也是完美的抗磁体。假如把一块超导体从远处向一块磁铁推进,当穿过超导体的磁场开始增强时,其表面会感应出环形电流。

读者应该在高中物理课上学过电磁感应的原理。变化的磁场会在导体中感应出电力线闭合的电场,从而产生环形电流。发电机就是依据这个原理发电的,使一个线圈在磁场中旋转,就会产生交流电。

超导体没有电阻,感应出来的电流会永远存在。感应电流也会产生一个磁场,这个磁场和外部的磁场相反,能阻止磁场深入超导体内部。在超导体的内部,外来的磁场和表面电流产生的磁场完全抵消。这个道理和导体表面感应出来的电荷阻止外部电场进入导体是一样的。理论上可以证明，如果一个完美导体原来内部的磁场是 0，那么之后外部磁场就不会深入其内部，也能证明外部磁场进入表面后会呈指数衰减。

按这个逻辑，如果一块超导材料先放在磁场中，再降温让它变成超导体，那么磁场是不会被排斥在外面的。可实验结果恰恰相反，变成超导体后，磁场还是会被排斥到外面，如图 17.3 所示。

迈斯纳效应的一个后果是超导磁悬浮。在网上，你可以找到这样的视频：把一块磁铁放在一个盘子上，把盘子冷却，让它变成超导体后，盘子中的磁铁忽然就浮起来了！这是因为超导盘子表面的感应电流使它也成了一个磁体，与上面的磁铁互相排斥。只要不超过超导的抗磁限度，磁铁一定会浮起来，否则二者接触，磁铁的磁场势必然会进入超导盘子。

迈斯纳效应的这个特点证明了超导体并不仅仅是一个完美的导体，这个效应需要使用量子力学才可以完全解释。

量子力学中粒子和电磁场的相互作用与经典力学差别很大。在经典力学中，只有变化的磁场才能产生环形电流，而在量子力学中，一个固定的磁场就能产生环形电流。所以发生超导相变后，超导体表面还是会产生电流把磁场排斥出去。

对此进一步的解释需要用到一些有趣的数学知识，不喜欢数学的读者可以跳过下面部分。

正如本书第 6 章所讲，量子力学需要使用矢量势来描述磁场，以下进一步地把矢量势 $\vec{A}$ 和磁场强度 $\vec{B}$ 的关系更详细地解释一下。

如图 17.5 所示，在一个均匀的、垂直于纸面向内的磁场 $\vec{B}$ 中，矢量势 $\vec{A}$ 是环形分布的。在一个圆环上，$\vec{A}$ 的大小是不变的。如果这

个圆环的周长是 l，那么圆环内的面积是 S，$\vec{A}$ 和 $\vec{B}$ 的大小满足下面关系。

图 17.5　均匀磁场强度下矢量势的环路

$$A \times l = B \times S \qquad [17.1]$$

公式 [17.1] 的右侧叫作磁通量，表示为穿越一个区域的磁场强度乘以这个区域的面积。即使磁场不是均匀的，环路不是圆的，将公式修改一下也同样成立，只不过需要用到高等数学中的积分，这样公式的左边就变成了 A 在这个环路上的积分 $\oint A\,\mathrm{d}l$，右边是 B 在这个区域的积分。

在超导体中，所有的库珀对都在同一个波函数上。这个波函数 ψ 的模的平方，就是库伯对的密度 n，相位 θ 也决定着一些重要属性：

$$\psi(x,t) = \sqrt{n}\,\mathrm{e}^{i\theta} \qquad [17.2]$$

再次强调一下，相位非常重要。如在 6.4 节中的介绍，矢量势 A 在量子力学的方程式中总是和动量 p 结对出现。电流密度 j 的表达式为：

$$j = \frac{qn}{m}p = \frac{qn}{m}\left(\frac{h}{2\pi}\frac{\partial\theta}{\partial l} - qA\right) \qquad [17.3]$$

公式 [17.3] 中，m 为库珀对的有效质量，q 为它的电荷，h 为普朗克常数。我们不得不使用一些高等数学方面的知识，读者可以试着用公式[6.5]中的波函数对 x 求导,就得到公式[17.3]中对动量 p 的表达式。

在公式[17.3]的两边,对图 17.5 中 A 所在的那个回路进行积分。相位在一个圆环上有增有减,它的变化率的积分是 $0(\oint \frac{\partial \theta}{\partial l} dl = 0)$,所以:

$$\oint j \, dl = -\frac{q^2 n}{m} \oint A \, dl \qquad [17.4]$$

如果一个固定的磁场作用在带电粒子的波函数上,就会形成一个和 A 的方向相反的环形电流,这个电流会削弱外来的磁场。在超导体中,大量的粒子凝聚在一个波函数上,这个电流强大到能够阻止外来磁场深入内部。

迈斯纳效应的一个应用就是超导磁悬浮列车。悬浮起来的列车可以避免产生与地面的摩擦阻力,在日本的实验线上,就实现了每小时超过 600 千米的高速。

如果超导体是环形的,那么外部磁场虽然不能进入其体内,但是有一部分可以从它的空洞中穿过去,如图 17.6 所示。

有一个有趣的现象,穿过圆环的磁通量是量子化的,并且它只能是一个最小单位的整数倍。

要证明这一点,仍然要使用公式[17.1],磁通量等于环路积分 $\oint A \, dl$。在超导体内部选一个 A 的环路,再使用公式[17.3]。超导体的表面会因为外部磁场产生电流,内部是没有电流的。对公式[17.3]进行环路积分,我们得到:

$$\frac{h}{2\pi} \oint \frac{\partial \theta}{\partial l} dl - \oint q A \, dl = 0$$

$$\oint A\,\mathrm{d}l = \frac{h}{2\pi q}\oint \frac{\partial\theta}{\partial l}\mathrm{d}l$$

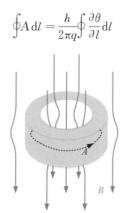

图 17.6　磁场中的环形超导体

　　然而在这种情况下，一圈相位变化的积分不一定是 0。用高级的数学语言讲，环形的拓扑特性是不一样的。在 9.2 节中介绍的环形驻波是可以在这样的超导体内存在的，所以：

$$\oint \frac{\partial\theta}{\partial l}\mathrm{d}l = 2\pi N$$

$$\oint A\,\mathrm{d}l = Nh/q \qquad\qquad [17.5]$$

　　公式[17.5]中，q 为两倍的电子电荷，h/q 为最小的磁通量单位，叫作磁通量量子。普朗克常数是一个很小的数，这也是一个很小的磁通量单位，约 $2\times10^{-15}\,\mathrm{Wb}$。对磁通量量子化的测量，反过来验证了超导体内的载流子是一对电子。

　　磁通量量子化在超导计算机中得到了应用。

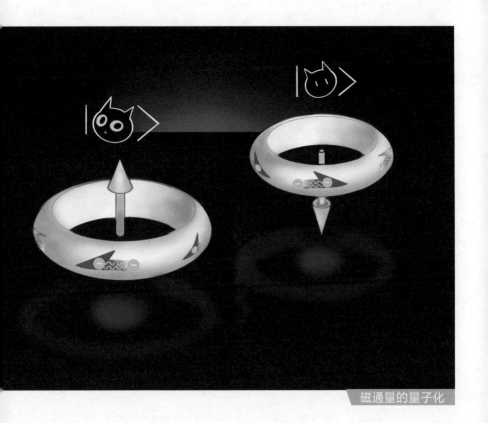

磁通量的量子化

17.4 约瑟夫森结

研究超导体的电磁特性，需要用到波函数和矢量势。演绎宏观量子力学的超导体，会发现一些出人意料的特性。

在两个导体之间夹一薄层绝缘体，施加电压后会发生隧道效应，从而产生电流。在两块超导体中夹一薄层绝缘体，也会发生隧道效应，但这种隧道效应，与普通导体的完全不同。英国物理学家约瑟夫森于 1962 年最先研究了这种效应，因此获得了 1973 年诺贝尔物理学奖。这种结构现在被称为约瑟夫森结，如图 17.7 所示。

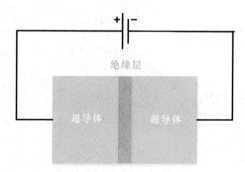

图 17.7　约瑟夫森结

约瑟夫森结上有两种不同的隧道效应，如图 17.8 所示。

第一种是单个电子穿越势垒，如图 17.8(a) 所示。这时候需要拆开一个库珀对，当电子穿越过去后，只能落到对面能隙上方的能级，另一个电子必须"跳到"本方的能隙上面。只有当电压可以提供超过两倍能隙的能量时，这种穿越才可能发生。而普通导体之间的隧道效应，不需要一个最小电压。在电压超过阈值后，电流和电压很快接近成正比，这

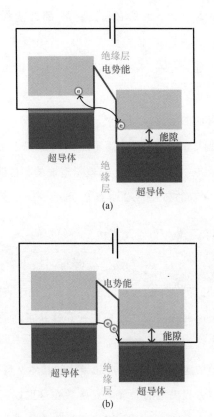

图 17.8 约瑟夫森结的两种隧道效应

一特点和欧姆定律差别不大。

第二种是库珀对以一个整体穿越过去,如图 17.8(b)所示。这种穿越只能在更短的距离上发生,绝缘层的厚度一般要小于 1nm。对于这种穿越,必须使用宏观的量子波函数来分析,不应采用欧姆定律。

绝缘层两侧的两块超导体的波函数各有一个相位 θ_1、θ_2,这两个相位一般情况下不会刚好相等。两个相位不同,就意味着波函数在绝缘层中一定有相位变化。既然有相位变化，那么就意味着有动量、有电流，参见公式[17.3]。约瑟夫森结的第一个让人震惊的特性是即使不施加电压也可能会有一个直流电流。量子力学的推导表明：

$$J = J_c \sin(\theta_2 - \theta_1) \qquad [17.6]$$

其中最大可能的电流 J_c 与材料和绝缘层的厚度有关。

如果在约瑟夫森结的两端加上电压，那么两块超导体中的库珀对就会有一个能量差。我们已经知道，能量造成的相位随时间发生周期性变化，参见第 3 章的公式[3.2]。所以：

$$\theta_2 - \theta_1 = \frac{2\pi\Delta Et}{h} = 2\pi qVt/h$$

$$J = J_c \sin 2\pi qVt/h \qquad [17.7]$$

约瑟夫森结的另一个让人震惊的特性就是加上直流电压后，会产生交流电！交流电的频率和电压成正比。这是很高的频率，$10\mu V$ 的电压就可以产生接近 5GHz 的振荡。

约瑟夫森结的这些特性与制成超导体的具体材料无关，完全是由量子力学的基本方程决定的。普朗克常数在这里以简单的方式扮演了重要角色。本书在 8.5 节中介绍了基于普朗克常数的世界最新计量系统。约瑟夫森结可以成为这个计量系统的重要工具。一组串联的约瑟夫森结可以作为电压的标准。

17.5 超导计算机

约瑟夫森结有很多应用，如超导芯片和超导计算机。超导芯片是由一个个约瑟夫森结通过超导体连接起来的，另外再搭配一些电阻。

金属铌是目前最常用的超导材料。超导芯片的规模是用约瑟夫森结的数目来衡量的,这与半导体芯片用 MOS 管的数目来衡量一样。

有多种方法可以用来设计超导计算机,目前最流行的是两位苏联科学家发明的快速单磁通量子(RSFQ)电路技术,它的核心单元如图17.9 所示。

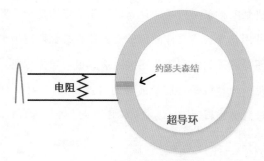

图 17.9 快速单磁通量子技术的核心单元

RSFQ 同时利用了约瑟夫森结和超导环内的磁通量量子化。超导环内的磁通量用作记忆,不同单位的磁通量代表不同的状态。在约瑟夫森结上加一个 10mV 以内,最短几皮秒(一万亿分之一秒)的电脉冲,就可以让约瑟夫森结两端的相位改变一个 2π 周期,环内的磁通量改变一个单位。并联的电阻把约瑟夫森结的振荡迅速地消耗掉,并且能很快稳定下来。而约瑟夫森结本身就有高频振荡,可以用来产生这种超短的电脉冲。

改变一个比特所需的能量在 10^{-19} J 左右,与目前最先进的半导体工艺相比,不到后者的 1/1 000,后者使用的电压在 0.7V 以上。这种超短的脉冲,可以让芯片以超过 700GHz 的频率运行。我们的个人计算机,频率一般不超过 3GHz,数据中心的 CPU,也快不到哪里去。

对于每年电费上亿元、CPU 速度又遇到瓶颈的大型计算中心来说，能大幅度提高速度同时又大幅度降低功耗的超导计算机，是值得期待的。

另外，超导体是宏观量子材料，控制它的量子态相对容易；超导体和约瑟夫森结还可以用来设计量子计算机。本书在 2.8 节中介绍过，量子计算机是实行量子算法的计算机。除常规的量子计算机外，近年来还有一种用超导技术设计的量子退火计算机也取得了突破。

目前超导芯片的蚀刻工艺还远远落后于半导体行业，但超导计算机和超导量子计算机是目前最前沿的科技领域。美国、日本、中国都投入了大量资金进行研究。也许，本书的一些青年读者将来也会进入这些领域。

　　到目前为止，本书介绍的量子力学是研究粒子在相互作用下的行为规律。本书还多次提到，原子和晶体中的电子在不同的能级之间跃迁时，会辐射或吸收光子。描述和计算粒子的产生和消灭需要量子场论。这是量子力学中最高深的部分，但不提量子场论的量子力学的介绍是不完整的。

　　本章我们将介绍量子场论这个复杂理论体系中的一些基本概念。量子场论认为，每一种基本粒子都存在一个场。宇宙中的场是无处不在的，即使在真空中也有场。量子场论实际上是关于场的量子力学。所有的场都有波动现象，量子力学的研究发现，每一个波动模式上的能量，就像之前讨论过的量子谐振子一样，必须是一份一份的，也就是量子化的；每一份能量就是一个自由粒子，这个机制有些像固体材料中的声子。而粒子之间的相互作用，如原子中的电子辐射光子，则是电子的场和光子对应的电磁场之间的能量交换。

　　这样的叙述虽然不复杂，但量子场论的实际构建却是相当困难的。一个经典的粒子用三个坐标描述状态,被称为有三个自由度,量子力学已经把它变成无限多种可能性的叠加,而场需要用每一个空间点上的场量来描述。经典理论已经有无穷多自由度了,量子化后的复杂程度又高了一个级别,量子的场包含了从零到无穷多的粒子的各种可能性的叠加。量子场论的建立过程中克服了很多的困难问题,最终取得了巨大的成功。本章将讨论量子场论曾经遇到的各种困难,以及这个理论带给我们的对世界更深刻的认识。

18.1 物质不灭的破灭

在中学化学课上,我们学过一条"物质不灭定律"。当汽油燃烧后,物质并没有消失,只不过是汽油中的碳和氢两种原子和空气中的氧气结合生成了水蒸气和二氧化碳。各种化学反应只不过是物质在不同组合之间的转换。

汽油燃烧时产生的热量,来自化学反应中电子能级改变时辐射出的光子。面对光子被辐射的事实,相信物质不灭的人或许还可以坚持狭隘的物质观,认为光子不算物质。但一对正负电子相遇湮灭成两个光子,这显然不像是这对电子内的成分重新组合变成了光子,更像是电子消灭了,光子产生了(正电子是电子的反粒子,除带正电外,其他性质一样),如图 18.1 所示。

物质不灭是一个假象,只是因为在化学反应中,原子和内部的电子没有足够的能量制造光子以外的粒子。自从 20 世纪 50 年代发明粒子加速器后,物理学家们发现,高能粒子碰撞出新的粒子,属于家常便饭。大量新的粒子种类在加速器上被发现,于是成就了量子场论的

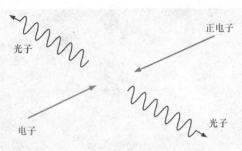

图 18.1 正负电子的湮灭

大发展。

当有粒子产生或消灭时,参与反应的粒子一般都会接近光速,所以必须使用相对论方面的知识。大部分粒子是有静质量的,产生一个粒子,最低限度需要的能量可由爱因斯坦的质能公式给出:

$$E = mc^2 \qquad\qquad [18.1]$$

所以,量子场论也被看成相对论和量子论的融合。

欧洲核子中心的大型强子对撞机(LHC)加速器,就是找到了著名的希格斯粒子的加速器。它由 27km 这样的地下隧道组成一个圆环,高能粒子在隧道内的真空管道中回旋和加速,上千块超导磁铁帮助粒子转弯。它可以把质子加速到 6.6TeV(10^{12} eV)的能量,与化学反应中 1eV 的典型能量比,高了 1 万亿倍。两个这样的质子一碰撞,就可以产生成百上千个粒子,如图 18.2 所示。

量子场论和高能物理领域紧密联系在一起。所谓高能物理,就是每个粒子的能量很高,不仅比化学反应中的能量高,比核反应中的能量也高很多。

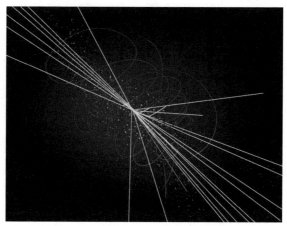

图 18.2　高能加速器上碰撞出来的粒子

18.2　什么是场？

粒子为什么可以凭空产生和消失？要解释这样的现象，需要一个理论基础。让我们从最熟悉的电磁场开始介绍一下场的概念。

在我们的中学物理课本中，库仑定律告诉我们，两个电荷之间的力和它们所带的电荷成正比，和距离的平方成反比。细想起来，库仑定律有一个问题：如果两个电荷在运动中，那么这个定律好像在说一个电荷能随时"感知"另一个电荷的位置，听起来有些不合理。

运用麦克斯韦方程这套完整的经典电动力学理论来解释，人们发现库仑定律在两个电荷有运动的情况下是需要修正的，一个电荷"感知"另一个电荷的位置时有一个小小的时间延迟，这个延迟等于电磁波从一个电荷到达另一个电荷的时间，如图 18.3 所示。麦克斯韦方程和电磁波的发现使人们认识到,电磁相互作用是以有限(尽管非常快)的速度传播的。经典电动力学的研究证明,这两个电荷间的能量传递,不是在一方消灭的同时在另一方产生,而是在空间中流过去的。

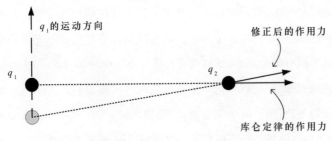

图 18.3　两个运动电荷间的相互作用

　　传播电磁相互作用和电磁波的介质,叫作电磁场。无论是物体内部还是抽掉空气的真空,电磁场是无处不在的。电磁场携带着能量和信息,并且具有物质的属性。因此,现代物理学认为,看不见摸不到的真空也是一种物质形态,电磁场是这种物质的一个属性。

18.3　场的量子化与粒子的诞生

　　量子场论是一种量子力学,只不过它的第一对象不是粒子而是场。

　　粒子的状态可以用三个位置坐标或三个动量分量来描述。场的描述则需要用作为时空函数的场量或场强,比如,电磁场需要用 $A(x,t)$ 和 $\varphi(x,t)$ 来描述。在相对论中,A 和 φ 共同组成四维时空中的矢量,描述粒子的状态只需要三个数,术语称为有三个自由度,场则有无穷多个自由度,相对而言,场要复杂得多。

　　在量子力学中，粒子的位置可能不确定，粒子的状态可以是不同位置的叠加，位置和动量也不能同时确定。在量子场论中，一个空间点上的场同样可以是不同强度的叠加，场和场随时间的变化率（相对于粒子的速度）同样不能同时确定。量子场论有些像前面几章中讨论的晶体，是很多空间点上的量子力学。只不过晶体毕竟只有分布在离散的晶格点上的有限的原子，场则拥有在连续空间中的无穷多的自由度。

　　这听起来非常复杂，但对量子场论的研究却很快产生了一个简单而重要的结论：所有的场都有波动，比如，电磁场有电磁波。在一列波中，每一个点的场都在平衡点附近做周期性振动，就像晶体中原子的振动。一列波的动力学，就像在 8.2 节中介绍的量子谐振子，它的能级是相等间隔的（见公式[8.4]），每跃迁一个能级需要的能量是 hf。这恰恰是第 3 章介绍的一列波中一个粒子的能量！波的能量是量子化的，每一份能量就是一个粒子，就像晶体中的一个声子。量子谐振子的能级差和波粒二象性中每个粒子的能量都是 hf，原来这并不是巧合。

　　下面我们总结一下量子场论的物质观。

　　(1)每一种基本粒子都对应着一种场，即使在真空中，这些场都无处不在。

　　(2)在真空中，没有可以观测到的物质，是因为所有的场都处于能量最低的状态。

　　(3)场的能量是量子化的，每一份能量的激发都会使真空中增加一个粒子。

　　(4)粒子的产生和消灭是由于不同的场通过相互作用交换能量的结果。

　　光子的场就是电磁场，电子也有自己的场。电磁场是四维时空中的矢量,电子场的类型是旋量,有 4 个复数的分量。电子场的激发,包括电子和电子的反粒子(带正电的电子)。作为费米子,电子场的量子规则和电磁场不同,需要满足泡利不相容原理,同一个状态的电子最多只能被激发出一个,如图 18.4 所示。

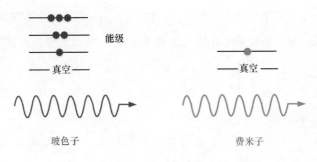

图 18.4　量子场在一列波上的能级和粒子的关系

　　至今,粒子物理学已经确定了 17 种基本粒子,主要分为三类。一类是狭义的物质粒子,有 6 种夸克、电子、μ 子、τ 子,还有 3 种中微子,它们都是自旋 1/2 的费米子,用旋量场表示。另一类是在这些物质粒子之间传播相互作用的粒子,这些粒子除光子外还有传播强相互作用的胶子、传播弱相互作用的 W 粒子和 Z 粒子,它们都和光子一样,自旋是 1,用矢量场表示,用杨-米尔斯场论描述。最后一类是希格斯粒子,它的自旋为 0,它的场是四维时空中的标量。

18.4　零点能的困惑和宇宙的命运

　　量子谐振子的最低能量不是 0,粒子不可以绝对静止。按同样的原则,量子的场也不允许绝对平静,在每一个波动形式下都有零点的振动能量。

　　这个问题让量子场论陷入了困境。首先，无限多种波动模式上都有零点能，真空的总能量密度一定是无穷大的。当然，也不是所有零点能都是正的，费米子的零点能就是负的，不排除正负能量可以抵消。在真空中存在不同粒子的场，这些场之间的相互作用也会影响到真空的能量。量子场论无法计算真空的能量密度，但能够合理地推测，它不应该是 0。

　　在什么都看不见的真空里，能量是多少有关系吗？真空的能量有没有物理意义？

　　有一个很有趣的现象展示了真空的能量，这个现象叫作卡西米尔（Casimir）效应。两块金属板，在真空中靠近时，如果它们带电，那么你知道会有吸引力或排斥力，但量子场论预言，当它们不带电时也会有一种吸引力。

　　如图 18.5 所示，因为电场不能进入金属，所以在两个金属板之间，电磁波的振动模式受到了限制，只有一系列驻波可以存在。在这些驻波上，即使没有任何光子，两块金属板的存在也影响了夹在中间的一部分真空的零点能。量子场论虽然无法计算真空的能量的多少，但是能准确计算内外的能量差，以及造成能量差的吸引力，这个计算结果被实验证实了。当然，两块金属板只有靠得非常近（纳米级）才会有显著的吸引力。

　　还有更重要的一点，爱因斯坦的狭义相对论告诉我们，能量和质量是可以互相换算的，真空中的能量可以换算成质量，也可以产生万有引力。真空的能量密度就是爱因斯坦广义相对论中的宇宙常数（对于广义相对论，本书将在第 19 章中进行介绍），它对宇宙空间的弯曲

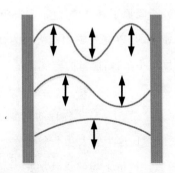

图 18.5　两个金属板之间的电磁波振动模式

和演化,有决定性影响。

这很有趣,最微观的基本粒子的物理学决定了最宏观的宇宙的命运。

中学物理知识可能让你觉得能量是一个标量,但在狭义相对论里,能量和动量组成了四维时空中的一个矢量,能量是这个矢量在时间方向的分量。能量密度更复杂,在广义相对论里,它是一个 4×4 张量中的一个分量,这个张量在对角线上的元素是压强和能量密度。

你可能听说过暗物质和暗能量。暗物质是宇宙中一些不发光的物质,除不容易被看见外,它们和普通物质一样贡献万有引力。

真空能量就是一种暗能量,它的性质非常特别。如果暗能量密度是正的,那么它本身也贡献吸引力,但正能量密度永远伴随着负的压强,净效果是排斥。负的暗能量密度则贡献一个净吸引力。

我们的宇宙无比浩瀚,看起来是平直的。很长一段时间,人们认为真空的能量就是 0。直到 21 世纪,天文观测证实了宇宙在加速膨胀,这意味着真空有一个很小的正的能量密度。这个能量密度折算成质量,每立方米只有几个氢原子,但也超过了宇宙所有物质(可见物质加暗物质)的平均总密度,足以克服它们的吸引力让宇宙膨胀。宇宙膨胀以后,物质的密度更小了,暗能量的密度还是一样的,所以膨胀会越来越快。

真空能量虽然不完全是 0,从粒子物理的角度来看,它太小了,随便哪一项暗能量的贡献都比这个值大几十个数量级！从逻辑上来说,宇宙原来的真空能量和各种量子场的贡献加在一起,可以完全抵消,这能说得通,但很不合理。如果没有更高的机制来制约,宇宙原来的真空能量与各种量子场的贡献加起来怎么能抵消得那么干净？这个巨大的疑问,至今仍是现代物理学的未解之谜。

18.5 为什么粒子是一个点？

从本书的第 1 章中,读者已经了解到,所有的基本粒子都是一个点,一个有质量但没有直径的点。无论从生活常识还是从经典物理学的角度来认识,这都很难理解。为什么粒子必须是一个点？如果它是一个小球,直径不等于 0,那么又会怎样？

点粒子的概念是相对论和量子场论融合的必然结果。

相对论认为,超距作用是不存在的。相互作用不能跨越时空,只能以有限的、不超过光的速度传播过去。比如,之前讨论的两个电荷之间的作用力。

在相对论中,绝对的刚体是不存在的。一个小球不可能硬得连一点儿形变都不发生。因为那样就意味着存在超距相互作用,如果小球的一面撞到东西,改变了运动方向,那么它的另一面会同时改变运动方向。现实中两个小钢球碰撞时,在碰撞的接触面上会发生形变,这个形变,会以声波的方式传到小球的另一面。这不到千分之一秒内发生的事情,我们的肉眼当然看不清,但我们的耳朵会听到这个声音。

所以,如果粒子是一个小球,那么它一定可以发生形变,可以有各种振动模式,应该有内部结构,它不能简简单单地对应着一个场。例如,原子核里面的质子、中子不是基本粒子,而是由夸克组成的。

理论物理学家有一个信仰,就是相信世界上最基本的组成元素和它们之间的相互作用都是简单的。基本粒子就应该简简单单地对应着一个场,场只含有粒子的质量、电荷、位置等信息,不含有任何内部结构的信息。

如果基本粒子对应着一个场,那么场和场之间的相互作用只能发生在同一个时空点,否则就是超距作用。比如,电子辐射出光子的相互作用,在方程式中大致就是这样的:

$$\overline{\psi}(x,y,z,t)\psi(x,y,z,t)A(x,y,z,t) \qquad [18.2]$$

从粒子的角度来看,公式[18.2]是图 18.6 所示的一个相互作用。

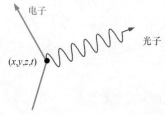

图 18.6 电子辐射光子的相互作用

电子在某个时间 t,在 (x,y,z) 这个点上,辐射出一个光子。电子、光子都必须是一个点,它们的相互作用也发生在一个时空点上。

如果相互作用不发生在一个点上，那么就违反了相对论，公式[18.2]也会变得复杂得多。

量子场论需要不可分割的点粒子作为这个世界的基本元素。

如果物质无限可分，量子场论就站不住脚了。

有没有可能在更小的尺度上，我们现在所了解的基本粒子不再是一个点，甚至可以分割成更基本的部分？这要靠实验来检测。从第4章介绍的量子力学的不确定性原理，我们知道，要看到物质在更小尺度上的细节，我们需要更高的动量和能量。如果基本粒子在一个很小的尺度上不再是一个点，那么我们就可以在超过一定能量的碰撞中发现量子场论的偏差。欧洲核子中心的LHC加速器可以看到质子直径几千分之一的尺度，目前还没有任何证据表明点粒子的概念有问题。

18.6　量子场论中的相互作用

基于图18.6所示的点粒子之间的相互作用，量子场论就可以构建完整的粒子之间相互作用的场景。图18.7所示就是两种电子和光子的相互作用图：图18.7（a）是两个电子发生一次碰撞，通过交换一个光子来实现电磁作用；图18.7（b）是一个光子和电子发生碰撞，通过被电子吸收再释放的方式来实现电磁作用。

类似这样的图，我们在讨论超导现象时见到过（图17.1）。当时介绍的传播电子之间相互作用的是声子。这类图叫作费曼图，以发明它们的传奇物理学家命名。由于对量子场论的贡献，费曼获得了1965年诺贝尔物理学奖。

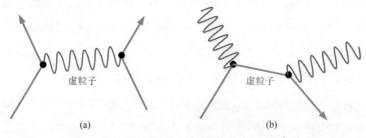

图 18.7 电子和光子相互作用的两张费曼图

费曼等物理学家制定了一套规则,即怎样从每一张图中来计算相互作用的波函数,其中一个要点就是引进了虚粒子的概念。比如,图 18.7(a) 中的那个光子就是一个虚光子,图 18.7(b) 中间的那个电子就是虚电子。

虚粒子仍然按公式 [18.2]、图 18.6 的方式发生相互作用,相互作用必须满足能量和动量的守恒,但虚粒子不需要有和普通粒子一样的质量,什么质量都可以。图 18.6 中的相互作用,如果电子是束缚在原子或晶格的能级中,那么就可以辐射出一个光子,但如果电子是自由的,那么辐射就不可能发生。因为在满足能量动量守恒的情况下,没有办法发射一个质量是 0 的光子。没有了质量的限制,电子可以发射一个虚光子,或者发射一个普通光子而自己变成虚电子,如图 18.7(b)所示。

虚粒子实际上是量子场的扰动在时空中传播的一个记号。在费曼图的计算规则中,它对应着一个叫作费曼传播子的因子。

在费曼图中,电子线上一个向外的箭头可以代表一个离开的电子,也可以代表一个进来的正电子,所以这两张费曼图还可以代表另外两种相互作用。图 18.7（a）所示是一对正负电子湮灭成虚光子后又重生，这是正负电子之间的相互作用的一种方式。由于受到能量动量守恒的限制，正负电子对不能湮灭成一个光子，只能变成一个虚光子。但正负电子对可以湮灭成一对光子，如图 18.7（b）所示。

这套理论叫作微扰论，它的基本假设是相互作用比较弱。一种相互作用可以有很多种方式，每一种方式分别对应着一张费曼图。费曼图中每一个顶点代表一次相互作用，顶点越多，相互作用的贡献越小。

18.7 对称性和量子力学

量子力学中的对称性，指的是物理定律在某些操作下的不变性。如果在空间或时间轴上，把四维时空的坐标系平移一段距离后，所有的物理方程式写出来还是原来的样子，那么这个物理理论就具有平移对称性。也就是说，宇宙中没有哪些特殊的点需要物理定律特别对待。如果把坐标系旋转一个角度，物理定律没有改变，那么这个理论就具有旋转对称性。

对称性在量子力学和量子场论中扮演着非常重要的角色。如果物理学有空间平移对称性，那么动量就是守恒的；如果有时间平移对称性，那么能量就是守恒的；如果有旋转对称性，那么角动量就是守恒的。

这些结论听起来让人震惊，但在量子力学的理论框架中，证明起来却很简单。下面以最简单的对称性为例，用大家都能看懂的数学方式来演示对称性在量子力学中的作用。

说到对称性，你最先想到的可能是左右对称。三维空间的坐标系,当 x 和 y 轴选定后,z 轴有两种可能的方向,如图 18.8 所示。

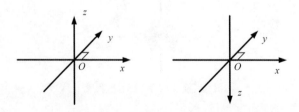

图 18.8　右手和左手的坐标系

这两种选择,分别是右手和左手的坐标系。一个左手的坐标系,无论怎样旋转,都不会变成右手的,就像你的左手无论怎样,也没办法和右手完全重合。所以旋转对称性和左右对称性是两回事。左手的东西要变成右手的,只能通过镜子来反射。无论镜子摆在哪个平面上,左手的坐标系的镜像一定是右手的。

如果物理定律用左手和右手的坐标系表达出来都一样,那么就表明有左右的镜像对称性。左右的镜像对称性可产生一些显而易见的预测结果。

如图 18.9 所示,原子核在 β 衰变时会释放一个电子和一个看不见的反中微子。如果原子核有自旋,自旋在 z 轴的方向,那么此时射出的电子方向偏上。如果用一面垂直于转轴的镜子反射,自旋的方向不变,那么电子则向下而去。如果物理学有左右对称性,那么这两种事件发生的概率是相同的。也就是说以自旋轴为参考,电子发射方向偏上偏下的概率是相等的。

在之前的章节中,本书多次提到量子力学的矩阵力学表达方式,现在我们初步解释一下。因为量子态是可以做线性组合叠加的,一个系

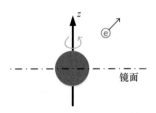

图 18.9　原子核的 β 衰变

统中所有可能的量子态,都是一些基本量子态的线性组合。在矩阵力学中,一个量子态$|s>$是量子线性空间中的一个点或一个矢量,那些基本态的组合系数是空间中的坐标。这个空间可以有很多的复数维度。

而一个物理量$\hat{Q}$则是一个矩阵或线性算符与一个物理态的矢量相乘,最终变成另一个物理态。一般情况下,在一个物理态中,物理量$\hat{Q}$不一定有确定的值,但在某种特殊状态下,$\hat{Q}$可以有确定的值,这时候,矩阵相乘就变成了简单的数字和矢量的乘法:

$$\hat{Q}|s=q|s> \qquad [18.3]$$

这时候,$|s>$叫作$\hat{Q}$的本征态,q叫作本征值。所有可能的物理态可以用不同本征值的各个本征态去组合。

给一个物理态照镜子,也是量子空间的一个算符。如果把一个物理态叫作$|左>$,照过镜子后叫作$|右>$,那么我们会有:

$$\hat{镜}|左>=|右>, \hat{镜}|右>=|左> \qquad [18.4]$$

记住,量子力学的物理态是可以做线性组合的,我们定义两个新的物理态:

$$|+>=\frac{1}{\sqrt{2}}(|左>+|右>), |->=\frac{1}{\sqrt{2}}(|左>-|右>)$$

就会发现：

$$\hat{镜}|+> = |+>, \hat{镜}|-> = -|->$$ [18.5]

原来，这个照镜子的操作也是一个物理量，它有两个可能的本征值：$+1$ 和 -1。这个物理量叫作宇称，粒子物理学一般用 P 来表示它。

进一步讲，宇称可以和能量同时具有本征值，可以用反证法来证明。如果一个能量的本征态不是宇称的本征态，那么我们把这个本征态照镜子，得到相同能量的另一个能量本征态，然后重复上面的推导，就能得到 $|+>$ 和 $|->$ 两个本征态，这两个态既是宇称又是能量的本征态。但实际上，$|左>$ 和 $|右>$ 这样的本征态不一定是能量的本征态，能量本征态一定是 $|+>$ 和 $|->$ 这样的本征态。作为能量本征态，每个自由的粒子都有一个宇称数：$+1$ 或 -1。

只要左右对称性存在，宇称就是一个守恒的物理量。把所有粒子的宇称按照负负得正的原则相加，无论是由碰撞还是衰变改变了粒子的组成，粒子前后的总宇称是不变的。因为可以给物理相互作用照镜子，刚开始互为镜像的两个物理状态，在演化的过程中一定会始终互为镜像。

量子力学的结论是：**每一种对称性都对应着一个守恒的物理量。**

当初，物理学家都认为，自然界天经地义就是左右对称的，宇称一定是守恒的。1956 年，李政道和杨振宁认真地分析了实验数据，指出弱相互作用破坏了宇称守恒，并建议按图 18.9 所示的方法做实验，观测由弱相互作用主导的 β 衰变。这个实验很快由一位华人女物理学家吴健雄完成了。她选用了钴-60，降到很接近绝对零度的低温,再加磁场,让所有原子核的自旋都排列好,测量到的电子分布,不但上下不对称,而且是完全一边倒。现在知道,传播弱相互作用的规范场,"喜欢"左旋的电子、中微子和夸克。因为发现宇称不守恒,李政道、杨振宁成为最早获得诺贝尔奖的华人。

虽然左右对称性被否定,但是在量子场论中还有大量的对称性。从第 3 章的公式[3.2]中我们知道,动量本征态的波函数和能量本征态的波函数分别是 $e^{2\pi ipx/h}$ 和 $e^{-2\pi iEt/h}$,对动量本征态进行平移 d 的操作,相当于动量本征态乘以因子 $e^{2\pi ipd/h}$,所以动量就是对应着平移对称性的物理量,能量是对应着时间平移对称性的物理量。能量、动量、角动量都是最基本的守恒物理量。

晶体中有一个晶格的背景,这个背景破坏了普通的平移不变性,但还是有一个特定周期的平移对称性。这样的对称性也对应着一个守恒的物理量,就是在 14.2 节中讨论过的同样具有周期性的晶格动量。

比较深入的关于量子场论对称性的讨论必须使用群论的语言,但这已超出了科普读物的范围,在此不讨论。

在 6.6 节中介绍的规范不变性,也是量子场论中非常重要的对称性,是局域对称性。与平移旋转的整体操作不同,规范变换可以在不同位置上对量子场进行不同的旋转。电磁场的规范对称性对应的守恒物理量是电荷。

然而规范不变性有一个条件,传播相互作用的那个自旋为 1 的规范粒子,质量必须是 0。质量是 0 的粒子,能像光一样把相互作用传得很远。有质量的粒子则不然,它们的费曼传播子是随着距离呈指数衰减的。

弱相互作用恰恰是一个短程作用。中微子之所以能轻易地穿越地球，就是因为它的作用距离只有质子直径的千分之几。在这个距离内，也就是说，在 LHC 加速器那样的能量上，弱相互作用和电磁相互作用的强度差不多。

规范粒子的质量问题困扰了包括杨振宁在内的物理学家们很长时间。直到 1964 年，英国物理学家希格斯等人提出了对称性自发破缺的机制。

希格斯粒子的场是有两个复数分量的标量场。弱相互作用的规范不变性可以在这两个分量之间旋转。这个场的势能如图 18.10 所示。

如图 18.10 所示，坐在中心的 0 点上看，希格斯粒子的这个势能是旋转对称的。一般粒子的场在真空中的平均值是 0，但 0 点却是一个希格斯势能的局域最高点，这个真空是不稳定的。就像坐在类似的"山坡"上的小球，一定会滚到下面的环形的"山谷"里。那里才是稳定的物理真空，坐在"山谷"里看，周围是没有旋转对称性的。

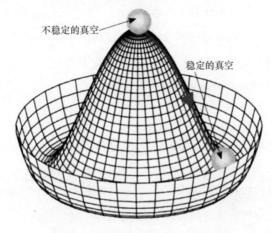

不稳定的真空

稳定的真空

图 18.10 希格斯粒子的场的势能

物理规律仍然有旋转对称性，表现在山谷中是环形的。但物理的真空只能是环形中的一个点，物理的真空破坏了对称性。希格斯场在真空中的平均值不是 0。这样的平均场和 W 粒子、Z 粒子作用一样，给了它们质量。二者是传播弱相互作用的粒子，于是弱相互作用变成了短程力。

其实，之前讨论的超导体也是希格斯机制的一个例子。扮演希格斯粒子角色的是凝聚在一起的库珀对。库珀对波函数的相位是旋转对称的，然而其最低能级只能是某一个特定的相位，因此破坏了电磁场的规范不变性。而外部电磁场进入超导体表面后的指数衰减，就是光子获得质量的标志。

强相互作用也不是长程力，但其与弱相互作用的原因完全不同，它的规范不变性对应着颜色守恒量，颜色是个借用的词汇，相当于电磁相互作用的电荷。所有的质子、中子等参与强相互作用的粒子，都是颜色中性的（类似于一个中性的原子，对其他中性粒子的作用很小，除非距离贴近到让两个粒子接触）。

把希格斯机制应用到弱电统一理论的温伯格等人获得了 1979 年诺贝尔物理学奖，在欧洲核子中心最终找到希格斯粒子后，希格斯于 2013 年获得了诺贝尔物理学奖。

18.8 量子场论中的发散困难和重整化

作为现代物理学的两大根基，量子论和相对论之间有着深刻的张力。结合两种理论建立的点粒子概念，反噬了量子场论。

量子场论在走向成功的路上克服了一个很大的困难，这个困难就是发散问题。

图 18.11 中的两张费曼图所示的是和图 18.7(a) 同样的物理过程的另外两种可能性。在量子力学中，所有这些可能性都必须加起来才能得到最后的波函数。图 18.11 所示的两张图比图 18.7 多了两个顶点，即多发生了两次相互作用，按照微扰论，它们应该更小。

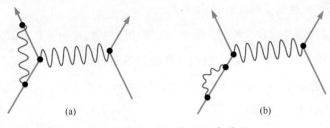

(a)　　　　　　　　　　　(b)

图 18.11　两张发散的费曼图

这两张图是圈图，图 18.7 叫作树图。如果把进去和出来的粒子的动量、能量固定住，那么树图里每一个虚粒子的能量和动量是能够根据守恒定律确定下来的。圈图中由两三个虚粒子组成的环路中虚粒子的能量和动量可大可小。量子力学要求把所有的可能性加起来，也就是说，要对圈内的动量积分，然而积分的结果却是无穷大！这是那些高能的虚粒子带来的麻烦，基于点粒子假设的量子场论，我们不得不把能量任意高的虚粒子都包括进来。

一个公式有没有可能既无穷大，又很小呢？还真有可能，但有一个前提，必须承认量子场论不是终极理论，在一定的尺度以下和一定的能量以上，将不再适用。

在这个前提下，我们可以说，如果虚粒子的能量超过某一个界限 Λ，我们将不予考虑，即将圈内的动量积分限制在这个界限内（这样做的后果是在某个尺度以下，相互作用不再发生在一个点上）。如果这样处理这些积分，那么这两张费曼图和前面的树图相比，大致差一个这样的因子：

$$\alpha \ln \Lambda \qquad [18.6]$$

式[18.6]中，α 为从电子电荷推算出来的电子场与电磁场的耦合强度，叫作精细结构常数，值大约是 1/137。

这些图是对数发散的。即使一个非常大的数，它的对数也不会很大，精细结构常数又很小，所以虽然我们不知道 Λ 是多大，但是公式[18.6]肯定是一个很小的数，这两张图的确比树图更小。这些积分结果的无穷大，都是假的。

只这样说也不行，一个计算结果不确定的理论是没有用的。后来物理学家们发现，图 18.11(b) 所示的那个假无穷大，其实只是把电子的质量改变了一些；图 18.11(a) 所示的无穷大，实际上是对场的耦合强度，也就是对电子电荷的修正。这两个物理量都可以比较容易地通过实验测量，不必在乎每一张费曼图对它们的贡献有多大，重要的是总结果。最终，所有的假无穷大都可以囊括到这两个基本物理量中，其余的都是可计算的。用有限测量来预测无限多的实验结果，这种理论当然是有用的，这个计算步骤叫作重整化。经过重整化的量子场论，在粒子物理领域取得了巨大的成功。

量子场论的一个重要成就是解释了电子的自旋磁矩。量子场论以图 18.6 和公式[18.2]简单给出了电子场和电磁场的相互作用，而电荷与电场的作用、自旋与磁场的作用都包括在里面。也就是说，电子磁矩不是它的一个独立属性，知道电子电荷和质量，磁矩是可以被计算出来的。从最简单的树图到一级又一级的微扰论修正，这是一个持续半个多世纪的努力,实验物理学家和理论物理学家们都不断地提高自己的计算及测量精度,直到 2015 年,还有日本科学家在进行这方面的计算(这是非常艰苦的计算工作)。理论和实验的结果取得了超过十位有效数字的吻合,据说这是物理学史上最精密的理论验证,是量子场论的伟大胜利!

希格斯粒子的质量修正不是对数发散的,而是平方发散的!这意味着它的质量应该是无比巨大的,不是现在观测到的质量。面对唯一的一个平方发散,坚持原来的质量和修正的质量刚好抵消掉了,在逻辑上能讲通,但不合理。对此,有人提出超对称理论,这也是一种对称性,要求每个玻色子,包括希格斯粒子在内,都有一个费米子伙伴。在这样的理论中,平方发散是被抵消掉的。不过,目前还没有任何实验证据能支持超对称理论。

在勇敢地面对了尴尬,取得巨大成功后,量子场论还是留下了真空能量、希格斯质量这一大一小两个问题。

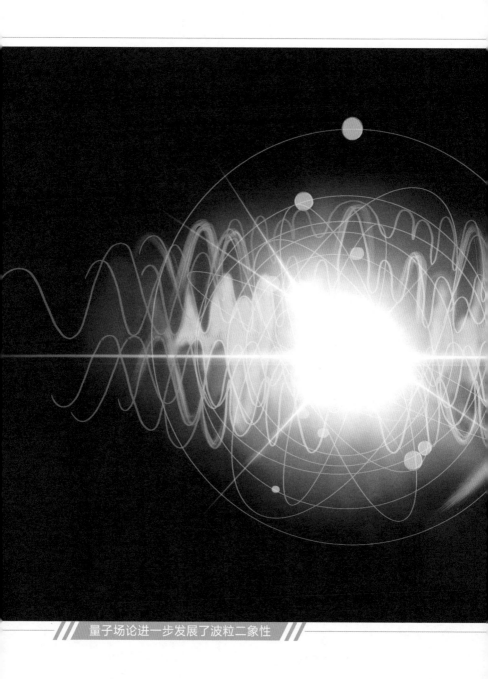

量子场论进一步发展了波粒二象性

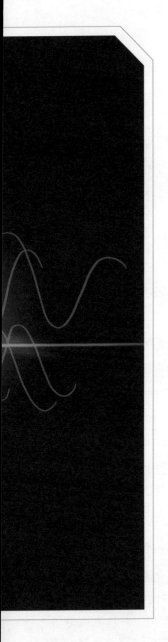

青玉案
追忆温伯格教授，我的量子场论老师

星辰宇宙来何处？
纸卷上，
龙蛇舞。
粒子真空归所属？
洪钟演讲，
涓流深入。
虎面威不怒。

天藏对称规一术，
神赋破缺生万物。
天问留存冥想苦。
一番伟论，
十篇巨著。
卅载沉思录。

注：

1979 年，诺贝尔奖获得者史蒂文·温伯格于 2021 年去世。他是当代粒子物理理论的奠基人之一，也是天体物理和宇宙学的专家。他是深刻的思想者，也是一个非常好的、声如洪钟的讲课老师，同时还是优秀的科普作者，但他不怒自威，很难接近。

温伯格创立的理论的关键点，是自然界的弱、电两种相互作用，可以使用具有内藏对称性的规范场论进行统一描述。而由希格斯粒子（也被称为"上帝粒子"）引起的规范对称性的破缺，形成了我们这个多姿多彩的世界。

第19章 引力波和引力子

量子力学是已经取得了伟大成功的科学理论,但它在一个领域里撞到了南墙:引力。

在讨论量子引力之前,我们需要先介绍经典的引力理论。引力绝不仅是你中学课本中简单、漂亮的万有引力定律,完整的引力理论是一个非常困难、复杂的问题,它就是爱因斯坦经过了八年的冥思苦想才完成的广义相对论。本章将从狭义相对论开始介绍爱因斯坦的引力理论。在广义相对论中,引力的作用等效于时空的弯曲。时空的弯曲还可以是波动的时空扰动,这就是引力波。引力波的产生和探测非常困难,在广义相对论完成100年后的2015年才首次被探测到。

有了引力波,我们会想到波粒二象性会不会有引力子?量子的引力理论需要把时空的弯曲和扰动等效成一个场,这个场应该对应一个自旋为2的粒子。但是,量子的引力场论完全失败,量子场论现有的解决困难的手段对于万有引力完全无用。其原因就是引力和质量成正比,在相对论中质量又和能量成正比,所以越是高能的粒子引力就越强。而另一方面,量子的计算需要把一切可能性相加,一个引力子可以变成一对能量一正一副、绝对值都很高的虚粒子,再结合回来。如果耦合强度和能量成正比,那么一切都是无穷大。

引力子的观测需要频率很高的引力波,或者能量高得远超人类能力的加速器。量子引力是离我们的现实世界很远的问题,但这个世纪难题仍然是追求终极真理的科学家们的研究对象。

19.1 从狭义到广义相对论

让我们从万有引力定律讲起,这是当年牛顿看见苹果落到地上时,研究分析得出的公式:

$$F = G\frac{m_1 m_2}{r^2} \qquad\qquad [19.1]$$

公式[19.1]中,G 为万有引力常量,$G = 6.67 \times 10^{-11}$ m^3/(kg·s^2)。

在中学物理课本中,电力和引力非常相似。库仑定律告诉我们,两个电荷之间的力和电荷所带电量成正比,和两个电荷之间的距离的平方成反比。牛顿万有引力定律告诉我们,两个质点之间的引力和质量成正比,和距离平方成反比。牛顿的万有引力定律和库仑定律面临同样的问题,如果两颗星球之间有运动,那么它描述的就是一种超距作用。这不可能是引力的完整理论,当参与产生引力的物体接近光速时,该理论就要有重要的修正。

下面回过头来讲电磁场。当电磁相互作用被证明是以有限的速度传播时,光速是从麦克斯韦方程中解算出来的。这就带来一个让人困惑的问题:我们坐在火车上看地面信号灯的灯光,难道它的速度不该快一些或慢一些吗?如果火车参照系上的麦克斯韦方程和地面的是一样的,那么两个光速就是一样的,这和基本常识冲突。所以,只能假设宇宙中存在一个绝对静止的参照系,麦克斯韦方程只在这个参照系中成立。

物理学是需要实验验证的。验证上面这个说法的实验,想法很简单:地球在宇宙中是有运动的,它绕着太阳公转,那么两束方向垂直的光,一般会一束顺着地球的运动方向,一束垂直于地球的运动方向,速度一定会有差别。1887 年,迈克尔逊和莫雷利用下面的这个装置做实验,用一个分光镜把光源的光分成两个方向,不同方向上光速的差别因为干涉效应可以在望远镜中观测到,如图 19.1 所示。

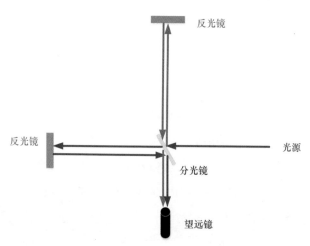

图 19.1 迈克尔逊-莫雷实验

　　这个实验的结果让人大跌眼镜,竟然看不到任何光速的差别!在 19 世纪末,这个实验和黑体辐射问题被称为物理学晴朗天空中的"两朵乌云"。在很长时间内,物理学家们不知道怎么解释这个实验。

　　直到 1905 年,爱因斯坦经过深入思考,认为物理定律,包括麦克斯韦方程,在所有的参照系中都是一样的。宇宙中没有绝对静止,一切速度都是相对的。由此推导出很多你可能已经听到过的违反人类常识的结论。

　　(1)光速是绝对的,无论你自己飞得多快,你测到的光速都是一样的。

　　(2)光速是不可超越的,任何物质、能量、信息的运动速度都不可能超过光速。

　　(3)长度和时间都是相对的,不同的参照系中对同一个物理长度、同一个物理过程的时间的测量结果会有差别。

　　(4)质量也是相对的,速度越快,质量越大。

　　狭义相对论是让人类脑洞大开的伟大理论,今天已经被无数实验证实了。

　　有了狭义相对论,引力和电力就变得非常不同。狭义相对论告诉我们,引力是和质量成正比的,一旦动起来,物体的质量会变大,而电荷则是不变的。并且,狭义相对论还告诉我们,能量和质量是成正比的。引力场本身有能量,也就有质量,也能产生引力,这和不带电荷的电磁场完全不同,引力场方程注定是一个非线性方程。

　　引力是远比电磁力复杂的相互作用。爱因斯坦从 1907 年到 1915 年,用了整整八年时间,才完成了引力场的理论——广义相对论。爱因斯坦开始意识到引力也是一个相对的东西，终于参透了引力的奥秘。

宇宙飞船中的宇航员是感受不到地球引力的，在飞船上做任何实验都测不出地球的引力有多大，需要地球上的人告诉宇航员，你处在一个非惯性的自由落体的参照系里，只有你失重了，才能知道地球引力的存在。

引力场在局部是相对的，对于任何一个点都存在一个时空参照系，比如，宇宙飞船中的自由落体参照系，使得在这个点附近看不到任何引力场的效应。但它整体是客观存在的，飞船会围着地球转，宇航员不断地观测周围的星象，就会知道地球在"拽着"飞船转。

就像古人以为自己生活的大地是平的，直到绕地球航海一圈回到出发点，才知道地球的表面是弯曲的。爱因斯坦终于意识到，引力就是物质的动量和能量，以及它们的流动，让时空变得弯曲了。

如果说狭义相对论让人类脑洞大开，那么广义相对论简直超越人类的想象力。人类生活在一个三维空间里，对这个空间里的弯曲的曲线和曲面有着直观的认识，我们能从外面看见它们的弯曲。但如果说我们生活在其中的三维空间、四维时空是弯曲的，那么该怎么理解，怎么想象呢？

爱因斯坦的广义相对论，得益于数学家已经建立好的一套工具体系——黎曼几何。黎曼研究了上面的问题，他的工作很了不起。他让数学从研究现实世界中抽象出来的数字和形状，发展到开始研究现实世界不存在但逻辑自洽的东西，最终又发现现实世界竟然真是这个样子。这太美妙了。

黎曼几何用一个度规张量来描述弯曲的空间。度规张量 g 告诉我们怎样计算两个靠得很近的点的距离。让我们用 (x,y,z,t) 作为四维时空的坐标,在平直的三维空间里,如果两个点坐标的差别是 $(\Delta x, \Delta y, \Delta z)$,那么两个点的距离为:

$$\Delta s^2 = \Delta x^2 + \Delta y^2 + \Delta z^2$$

在平直的四维时空里,爱因斯坦把这个公式修改为:

$$\Delta s^2 = \Delta x^2 + \Delta y^2 + \Delta z^2 - c^2 \Delta t^2$$

在弯曲的空间里:

$$\Delta s^2 = \sum_{\mu,\nu=0}^{3} \boldsymbol{g}(x,y,z,t)_{\mu\nu} \Delta x^\mu \Delta x^\nu$$

$$[19.2]$$

$$(x^1, x^2, x^3, x^0) \equiv (x,y,z,t)$$

度规张量 $\boldsymbol{g}(x,y,z,t)_{\mu\nu}$ 是一个 4×4 的对称矩阵,每一个元素都是时空的函数。这个时空度规,就是引力场的数学表达形式。

黎曼几何的结论是,虽然我们生活在这个空间里,但还是有办法测量这个空间是直的还是弯的。比如,测量三角形的三个内角和是不是 $180°$,如果大于 $180°$,那么这个空间就是正曲率;反之则是负曲率。如果这个空间接近平直,曲率比较小,那么就需要一个很大的三角形才能看到明显效果。

19.2 引力波

爱因斯坦利用黎曼几何写出了漂亮的引力场方程。但这个方程展开后实际非常复杂,一般情况下不可求解,甚至一般解的很多基本特性也长期没有搞清楚。不过在广义相对论发表一年之内,这个方程的两个解还是被找到了。

第一个解远看像一颗星星或一个质点，越靠近中心时空扭曲得就越厉害，以至于任何物质接近到一定程度就再也出不来，即使光线也不能射出来，这就是黑洞。从第 4 章和第 10 章的内容中可知，粒子本来是一个点，靠着不确定性原理、泡利不相容原理等量子效应，才支撑起了物质结构。当衰竭的恒星超过一定限度后，没有任何量子效应能够抵抗引力的压力，中子会被压碎，星体会无限坍缩下去。黑洞这样难以置信的东西在宇宙中竟然被找到了。黑洞不能被直接观测，因为它不发射任何粒子或光线，但天文学家们发现，宇宙中有很多地方，都有大量的物质被吸进去。

第二个解是引力波，是爱因斯坦自己找到的。引力波是时空形变的涟漪，以光速进行传播。当引力波穿过时，空间的长度会在两个垂直的方向上交替拉伸和压缩。

爱因斯坦在 1916 年预言到引力波，之后一百年引力波都没有被观测到，因为它太难观测了。首先，引力是一种很弱的相互作用。地球这么大的物体，它的引力才能让人类感受到。其次，很重的物体，必须加速或旋转得很快，最好速度接近光速，它的辐射才会比较大。地球绕太阳运转时会发射引力波，但地球走得太慢，一年才转一圈，它的引力波辐射只有一个灯泡般的辐射大小（200 W）。这双重的困难，使造出一个引力辐射源超出了人类的能力。

然而放眼宇宙，宇宙总会让我们惊愕，强大的辐射源是可以找到的。要想使一个巨大的天体产生巨大的加速度，就必须有强大的引力；要有强大的引力，就必须有另一个巨大天体离它很近；要想两个天体靠得很近又不发生碰撞，两个天体就必须有非常高的密度，以至于半径很小。

　　中子星的密度高达每立方厘米一亿吨,是产生引力辐射的候选者。1974 年,天文学家发现了一对距离很近的中子星,两颗中子星的质量大约都是 1 个半太阳(太阳质量是地球的 33 万倍),相互的旋转周期只有不到 8 小时。按照广义相对论的计算,这个双中子星系统的引力辐射高达 10^{24} W。这个功率仍然远不足以被直接观测到,但它的间接效应可以被看到:由于引力辐射,这个双星系统损失了势能,两颗星星会靠得更近,导致旋转周期加快。到 1982 年,天文学家们终于准确地测量到了这个微小的间接效应:每一年,旋转周期减少了 $76\mu s$。这一结果和广义相对论的预言完全一致,完成这项工作的天文学家最终获得了诺贝尔物理学奖。

　　然而这毕竟不是直接看到了引力波。宇宙中密度最大的天体是黑洞,两个黑洞靠得越近,旋转得就越快,引力辐射就越强,损失能量就更快,导致靠得更近,旋转得更快,直至碰撞结合,那一瞬间的辐射是最灿烂的。

　　怎样探测引力波呢? 今天的引力波探测器就是 130 年前迈克尔逊-莫雷实验的升级版。当年这个实验是用来测光速的,今天我们知道光速不变,可以用光来测距离。既然引力波的效应是两个方向的相对长度的变化,两个垂直的激光束就是探测引力波的最好工具。激光测距技术的应用很广,打高尔夫球的时候可能就用过激光测距仪。LIGO 探测器把激光测距做到了极致,灵敏度超过了 10^{-21}(10 万亿亿分之一),足以探测到一千米的距离上千分之一个原子核的长度变化。

　　130 年前,迈克尔逊-莫雷实验推动了相对论的创立,现在又是这个实验完成了对相对论的终极检测,这是一种宿命。

　　终于有一天,在宇宙深处,两个分别为 36 倍太阳质量和 29 倍太阳质量的黑洞碰撞,速度达到光速的 0.6 倍,碰撞之前二者互相旋转的速度达到每秒几十转到 100 多转,0.2s 内三个太阳质量已经湮灭于无形的时空扰动之中。这一瞬间的引力辐射以和光速相同的每秒 30 万千米的速度旅行了 13 亿年后,于 2015 年 9 月 14 日到达地球。正在调试中的两个相距 3 000 千米的 LIGO 探测器,同时记录了这个惊天事件。接收到的波形曲线和广义相对论的理论计算完全吻合!随后,LIGO 探测器又观测到了多次引力波事件。

　　这是一次完美的拥抱,不仅仅是两个黑洞之间的,也是宇宙和人类的拥抱。宇宙的伟大和人类的智慧都到了极致,才有了引力波的发现(图 19.2)。LIGO 团队的三位领军人物获得了 2017 年诺贝尔物理学奖。

图 19.2　碰撞前辐射出引力波的两个天体

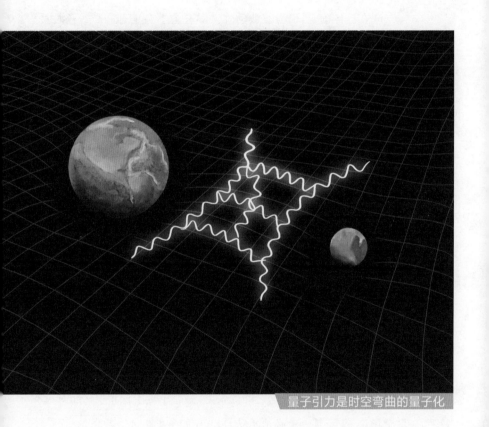

量子引力是时空弯曲的量子化

19.3 引力子和量子引力的困难

现在已经确定,引力有波动性。那它会不会也有波粒二象性呢?答案是有。如果没有波粒二象性,那么引力场也会像电磁场那样,面临黑体辐射的发散问题。除引力波外,应该还有引力子。

然而,引力场却没有一个量子理论。

我们可以把广义相对论中的时空度规 $g_{\mu\nu}$,按照通常的量子场论方法来处理。这样的处理方式在哲学方面很伤脑筋,因为其他的场以时空为参数,这个场却是时空本身,至少是时空的扰动。

从简单的场论分析,我们知道想象中的引力子,质量是 0,自旋是 2,然后它们和物质粒子之间,它们自己之间,都有着各种各样复杂的相互作用方式。

问题就出在相互作用上面。与量子场论一样,量子引力也有发散问题,但它的发散要严重得多。不再只是对数发散,而是二次方、四次方、六次方那样的发散,费曼图上的圈越多,发散就越严重。这是一种无法治愈的"病"。这是因为引力相互作用的强度正比于质量和能量。按量子场论的方法去分析,高能的虚粒子将主导所有的相互作用。

比起量子论和相对论之间的张力,融合了量子论和狭义相对论的量子场论,已经是一个必须承认自己不完善才能自洽的理论;而量子场论和广义相对论,则完全不能融合。

量子场论在引力场上面的彻底失败,促使物理学家进行反思。现在已经知道,在一定的能量之上,量子场论将不再成立,这个能量是多少呢?

引力作用一般要在宇宙尺度上才成为主要角色。微观世界的引力是完全可以忽略不计的。原子核和电子之间也存在着万有引力,但电磁相互作用比它强 39 个数量级。然而电磁相互作用基本不随能量增加,如果能用高能电子撞击原子核,那么总有一个能量让引力变得和电磁作用一样强。这个能量就是普朗克能量,这是一个用牛顿万有引力常量、光速和普朗克常数组合出来的能量单位:

$$E_P = \sqrt{\frac{\hbar c^5}{G}} = 1.2 \times 10^{19} \, \text{GeV} \qquad [19.3]$$

在这样的能量上,引力相互作用在微观世界也成为不可忽略的因素。这一定就是量子场论的极限能量。这个能量,大致相当于 10^{-35} m 的尺度,叫作普朗克长度,比 LHC 的能量高 1 亿亿倍,远非人力所及。人类无法通过实验证明已经突破了量子场论的世界,也无法进一步了解量子引力的特性。

宇宙能否提供一些量子引力的线索呢?不幸的是,刚刚发现的引力波,只有几十赫兹,对于两个旋转的巨型天体,这已经是难以想象的高频了。然而引力子的能量和频率成正比,这样的频率,距离能够看到的量子效应差得太远太远了。

即使这样,也拦不住科学家们对真理的探索。普朗克长度之下的世界是什么样子呢?也许,粒子不再是一个点,时空不再是现在的样子。

对量子引力和普朗克尺度下物理学的探索,一直以来都没有停止过。有的理论甚至认为,在普朗克尺度下,时空不再是连续的,只是一些离散的点。但是在各种探索中,弦论取得的成果最激动人心。它认为,在上述尺度下,时空仍然是连续的,但粒子不再是一个点,而是一根弦。

这个弦有一个长度,大致应该在普朗克长度的量级。但它只有一个维度,不像小提琴的琴弦,虽然很细,还是能量出直径的,但是这个弦是没有直径和厚度的。

量子力学和相对论似乎遇到了深刻的、不可调和的矛盾。但是弦论(图 20.1)既承认量子力学,又承认狭义和广义相对论,它不过是改变了物质的模型,从粒子变成了弦。所以弦论也是一种量子力学,是弦的量子力学。

科学家们怎么想到粒子是弦的?这要追溯到 20 世纪 60 年代,弦论作为一种量子引力的理论,基本上属于歪打正着。今天,弦论还不能被接受成为关于现实世界的理论,但它至少证明了量子的引力理论是可能的,也许是在另外一个宇宙里。

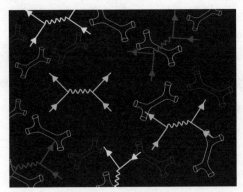

图 20.1　浪漫的弦论

 ## 20.1　弦上奏出的粒子

弦论里有两种弦,线形的叫作开弦,环形的叫作闭弦,如图 20.2 所示。两种弦在空间中的运动,分别形成了时空中有边界和没有边界的二维曲面,叫作弦的世界面。有些弦论模型只允许闭弦,也有些模型允许开弦和闭弦。

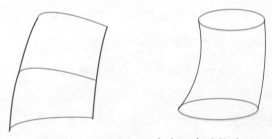

图 20.2　开弦和闭弦在空间中的轨迹

弦的轨迹用 $X^\mu(\sigma,\tau)$ 来表示，(σ,τ) 是弦的二维世界面上的空间和时间坐标，X^μ（代表 x、y、z 等）是世界面上那个点在时空中的坐标。X^μ 相当于一个粒子的位置，但它必须要满足量子力学的规律。在数学形式上，弦论像一个二维时空中的量子场论。

弦满足一个波动方程，它上面有我们已经很熟悉的驻波，就像奏响音乐的琴弦。闭弦上有环形的驻波，开弦上的驻波与琴弦上的驻波类似，边界条件略有不同，如图 20.3 所示。

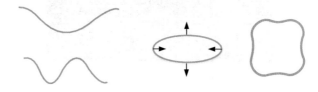

图 20.3　开弦和闭弦上的一些波动模式

这里有一个问题，琴弦需要把两端固定好才能振动起来，而这些弦是粒子，它们可以飘在空中，但我们好像没有见过飘在空中振动的弦。

经典的弦需要有外力把它拉开，才能产生振动。上述这个弦是量子的，如果只满足经典的波动方程，那么它会在空中缩成一个点，这样能量最小。但量子力学不允许这样，每一个振动模式都有最低能量，每一个振动模式上都可以激发出多个量子。

弦论认为，弦的每一个振动状态都对应着一种基本粒子。我们了解的所有的基本粒子，其实都属于同样的一两种弦。

检查由弦产生出来的粒子，物理学家们发现，在所有的弦模型中，闭弦都有一个状态，对应着时空中一个质量是 0、自旋是 2 的粒子——引力子。这就很有意思了。

超弦理论给弦增加了超对称性,在世界面上增加了一个旋量场。它能产生在时空中的自旋是 1/2 的费米子,还没有零点能的麻烦,显然更有吸引力。

在弦论的粒子中,物理学家们还找到了质量是 0、自旋是 1 的粒子——规范粒子。超弦和我们的世界至少很相似。

这些弦的长度都在普朗克长度的量级,在人类力所能及的能量范围内,它们看起来就是一个点。

超弦理论有希望成为所有粒子的理论,一种把引力子和其他粒子统一在一起的量子理论。

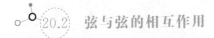 20.2　弦与弦的相互作用

量子场论中的相互作用由 18.6 节介绍的费曼图表示。弦与弦之间的相互作用如图 20.4 所示。

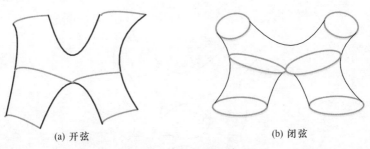

(a) 开弦　　　　　　　　(b) 闭弦

图 20.4　弦的相互作用

从时间的顺序看,这两个弦先在一个点上接触,合并成一个弦,之

后又在另一个点上分开。虽然弦不是一个点，但是相互作用永远发生在一个点上。

另外，两个开弦可以合并成一个闭弦，如图 20.5 所示。所以，所有的弦论模型中都有闭弦，都必须有引力子。

图 20.5　两个开弦合成闭弦

经过计算，在能量低的时候，弦论中的规范粒子、费米子的相互作用和量子场论中的论述是一样的。而引力子和物质的相互作用，也与广义相对论中的一样。所以，弦论可以是量子场论和广义相对论的延伸。自然界的四种相互作用，可能就是弦与弦之间的分分合合。

量子场论中的圈图，在弦论中也有对应，如图 20.6 所示。

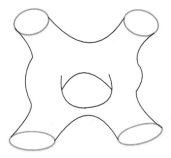

图 20.6　闭弦相互作用中的一个单圈图

这个曲面的几何情况稍微复杂一些,拓扑性质不同,计算它需要解决一些新问题。计算结果表明,这张图没有无穷大。所有弦与弦之间的相互作用所产生的波函数都是有限的。我们再也没有量子场论中令人头疼的无穷大的问题了!

作为量子场论和广义相对论的延伸,弦论避免了发散问题,是一个自洽的量子引力理论。

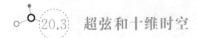

20.3　超弦和十维时空

你可能会问,弦的世界面是一个曲面。在第 19 章中,本书提到过,在弯曲的空间中,需要有一个度规张量,也就是引力场。那么在这个弯曲的二维时空中,是不是还有额外的自由度也需要有一个度规或引力场呢?

这就引出了超弦理论的一个问题。弦论的方程式在世界面上有一种保角对称性。这是一种局域对称性,在每个点上,可以对附近的区域放大或缩小。在这种对称性下,世界面上的度规是不起作用的,但由于一些复杂的量子效应,这个对称性被破坏了。在量子场论中,把某些场合下量子效应带来的对称性破坏叫作反常。只有在十维时空中,超弦理论的这种反常才会消失。在其他维度下,超弦理论不自洽。

这就麻烦了,毕竟我们生活在四维时空里。

对此,弦论的解释是,其实我们完全可能生活在十维时空里,只不过其中 6 个维度是一个特别小的封闭空间,我们完全看不见。

进一步的研究表明,如果时空中还会有超对称性,那么这个六维小空间就是华人数学家丘成桐研究过的卡丘空间。数学界的前沿成果和前沿的物理学结合到了一起。

超弦理论的发展,运用了大量的前沿数学成果,对数学的发展也起到了推动作用。弦论大师爱德华·威腾在 1990 年被授予了菲尔兹奖。超弦还有很多奇妙的特性,相对比较复杂,这里不再深入讲解。

在量子场论中,真空存在的每一种基本粒子的场是产生和消灭粒子的物质基础。弦论的表述方式是世界面上的量子场论,对物理真空的描述来说,是先天的弱点。弦论演变的结果是模型越来越多,可能性也越来越多,比如,那个小小的六维空间到底是哪一种卡丘空间?这些不同的模型和可能性,实际上就是不同的物理真空态。更高级的研究表明,这些不同的弦论模型都是彼此连通的。但弦论给不出一个理论原则来解释我们这个世界会选择什么样的真空态。另一方面,也没有一个弦论模型和我们这个世界完全能对上。因此,超弦理论还不能成为科学上确立的理论。

但毫无疑问,超弦理论的成就是鼓舞人心的。它证明了一个自洽的量子引力理论的可能性:一个把引力子与所有基本粒子和所有的相互作用统一在一起的理论是可能的。

仰望星空

最初的宇宙，
是一个奇点。
从十维的小世界，
生出浩渺的空间。

最初的宇宙，
是一片混沌。
一亿个量子湮灭，
残留一点星火，
才有今日的乾坤。

上帝创造了希格斯，
让暴走的粒子，
终归宁静。
万有的引力，
让尘埃落定。

热核的聚变，
给我们氢氧的海洋。
超新星的爆炸，
给我们金铜的闪光。

太阳公公抛出一抹灰，
化作小小地球，
上有山山水水。
地球母亲承接阳光雨露，
孕育了人类。

人造天眼望星空，
费力劳神。
偶开天眼现红尘，
可怜身是眼中人。

现代科技的发展日新月异,量子力学在很多领域中扮演着重要角色。凡是用到量子力学的地方,总有一些奇妙的现象、精彩的故事可以讲。读者阅读了本书,懂得了量子力学的基本原理,就能够更好地理解很多新科技。作为新版增加的内容,本章讨论现代量子科技的前沿话题:量子计算机。

在第 2 章的 2.8 节中,本书对量子计算机进行了初步的涉猎。我们谈到了指数增长的巨大威力,也介绍了量子计算的基本概念——量子比特,以及少数量子比特包含的海量信息。2010 年以来,量子计算越来越受到重视,甚至被上升到国家战略层面。本章就来对量子计算做一些更深入的介绍。

正在研发中的量子计算机有两大类:第一类进行量子模拟,第二类进行量子计算。

 **21.1** **量子模拟**

量子模拟就是构造一个量子系统,它的方程式和我们需要求解的问题是一样的,对这个系统进行测量,就可以得到想要的答案。当然它不能用来解决所有的问题,只能求解那些刚好可以用量子系统搭建出来的计算。

量子模拟的一个例子就是量子退火计算机,这种计算机已经在市场上亮相并得到了一些应用。下面简单地解释一下量子退火的原理。

量子退火计算机是用来找一个函数的最小值的。经典计算机中找函数最小值常用的方法是最陡下降法,大意是选择一个出发点,看周围哪个方向下降最快,就向那个方向前进,如果这个函数形状比较简单,很快就能找到最小的那一个点。但如果碰到一个像图 21.1 这样的复杂函数,就会遇到麻烦:最陡下降法只能找到一个局域的最低点,那么多的局域最低点,哪个更低呢? 图 21.1 画的是只有一个变量的函数,而更多变量的函数就不容易画出来了。我们在各种工程实践中碰到的优化问题,都是求最小值的问题,比如人工智能的学习过程,就是求一个复杂函数的最小值,这个函数常常有几百万、几千万个神经网络的参数变量。

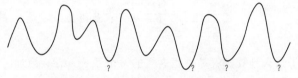

图 21.1　一个复杂函数的最小值问题

比这样的复杂函数更麻烦的是离散变量的函数。连续变量的函数都可以用各种改进了的最陡下降法来计算，这种方法的优势是可以判断方向。所以，即使是人工智能里那样复杂的函数，也是可以计算出来的。而离散变量的函数无方向可循，比较可靠的办法是要把基本上所有的可能性都算一遍再进行比较。随着变量数目的增加，计算量是呈指数增长的。比如在一些点之间"旅行"，找到一条最佳遍历路径这样的问题，哪怕只有几十个点，世界上的超级计算机即使用 10 万年也都算不出来。

如果能搭建一个量子系统，它的能量（准确地说是势能）和图 21.1 完全一样，情况就会完全不同。本书在第 7 章介绍过，量子力学中有隧道效应，这个系统可以从一个局域的最低能量态穿越到附近的一个局域低能量态。系统的最低能量的量子态一定是在全局中比较低的几个点附近的组合，如图 21.2 左图所示。

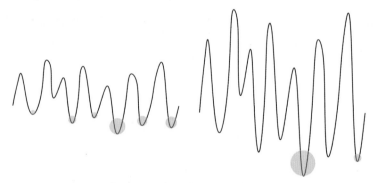

图 21.2　量子系统寻找最小值

量子退火计算机就是搭建这样的一个系统。它会施加一些相互作用（即"横向力"）让隧道穿透发生得更快，同时它会缓慢地等比例放大这个能量,在这个过程中,不同局域最低点的差别会被放大,系统最低能量的量子态会向全局最低能量的那个点集中,如图 21.2 右图所示。这个操作被称为退火,退火是一个比喻,它是一个冶金行业的术语,指把一个物体加热后再缓慢冷却。在统计物理中,冷却和放大能量的效果一样,温度降下来,系统的状态分布就会向最低能量靠拢。

对于离散变量的函数,量子退火没有障碍,本书在之前的章节中多次介绍过,量子系统会在离散的量子态之间跃迁,寻找更低能量的状态。

经过退火,系统找到了全局最低的能量点,进行若干次测量,就能确定这个点的位置。

经典计算机可以使用一种仿退火算法,和量子退火有些相似。它的原理是从一个现有的最优点出发,在附近随机地找另一个点(无论是连续变量还是离散变量的函数都可以这样做)。最陡下降法总是去寻找能量更低的点,仿退火算法则是随机的,有一定的概率接受能量更高的点作为新的暂时最优点,模仿热运动下粒子向能量更高的状态跳动。这样,算法就有可能爬出一个局域的最低点去寻找新的最低点。随着时间的推移,接受更高能量的概率降低,模仿温度降低,也就是退火。这种算法不能保证找到最优解,但可以有较大的概率找到比较优秀的解。

随机采样的这类算法,被称为蒙特卡罗方法,蒙特卡罗是一个赌城的名字。

研究表明,量子退火和经典计算机的仿退火算法相比,在很多场合下是有优势的。毕竟,经典算法需要在各个小区域海量的尝试中碰运气找最优解;而量子模拟可以在一次尝试中看到全局,在有限次的测量后就得到结果。

　　我国的"九章"量子计算原型机也是做量子模拟的，它是用来求解一个叫作"高斯玻色采样"的问题的。

21.2　量子计算原理

　　这里的量子计算是指通用量子计算。在很多业内人士眼里，这种量子计算机才是真正的量子计算机。

　　经典计算机当然都是通用的，一切计算都是比特之间的运算，所有比特之间的运算都可以用 3 种不同的门电路组合完成：与门、或门、非门。量子计算机也是要把量子计算用量子比特之间的运算完成，用量子的门电路组合起来。量子计算机是可以编程的，但目前还不能像经典计算机那样有一个 CPU，运行由一条条指令组成的软件，它们的编程是把计算任务分拆成量子门，更像半导体行业的FPGA 编程。

　　量子的门比经典门复杂。比如，对于 1 个比特，经典计算机只有一种非门计算（0 和 1 翻转），而量子比特是两个基础态（"纯"态）的任意混合，你可以想到各种各样的操作方法，比如下面谈到的 H 门。那么，是不是一切量子比特之间的运算都能够拆分成一组基本的门电路之间的运算呢？考虑到量子计算有这么多的方式，回答这个问题似乎并不容易，但科学家们还是证明了，这是可能的，不能保证绝对精确地拆分，但可以用一组特定的门电路快速地逼近。

　　通用量子计算机的制造比量子模拟难得多，我们离实际应用还有很长的路要走。对量子计算的研究，算法远远领先于硬件的开发。正因为对量子算法的研究证明了量子计算有极大的优越性,也就是有所谓的"量子霸权",才能够吸引到大量资金投入量子计算机的硬件开发。

对于量子算法的研究,是基于量子门电路可以实现、量子计算机能够被造出来的假设进行的。1992 年提出的 DJ 算法(以两个发明人 Deutsch 和 Josza 的名字首字母命名)是一个重要突破,它第一次证明了量子计算机可以在一个具体的问题上相比于经典计算机拥有绝对的优势。跟其他更复杂的算法相比,这个算法比较容易解释。在弄懂这个算法的过程中,读者可以理解为什么量子计算配得上"霸权"这个称号。以下的讨论将不可避免地使用一些数学和公式。

这个问题是关于一个输入 n 比特,输出 1 比特的函数 $f(x)$,其中 x 代表一串比特数据,输出 1 比特意味着 f 只有两种可能的结果:0 和 1。

假设函数 $f(x)$ 的规则是已知的,现有的技术有两种方法来计算它:第一种是把这个函数分解成一个个的步骤去完成,继而转变成一行行的软件代码、一条条的指令,由 CPU 去执行;第二种办法是把这个函数分解成大量的与门、或门、非门的组合,继而转变成一个专用芯片或者是芯片的一部分。第二种方法的运算速度快得多,即使是很复杂的函数也可以在一瞬间完成计算。

现在要问的问题是:函数 $f(x)$ 是均衡型的,结果中 0 和 1 的数量基本一样多;还是常数型的,绝大部分结果是 0 或者绝大部分是 1?

经典计算机对于这种离散变量的函数没有什么好办法。唯一可靠的办法是把所有的可能性都计算一遍,这样需要把 f 计算 2^n 次。

哪怕 $n=133$，对于今天的计算机是很短的一串数据，总的计算次数也达到了 1 亿亿亿亿亿（五连亿）次。即使用专用芯片来计算 f，也不能在太阳系寿终正寝之前完成计算。时间还不是全部的问题，虽然现代半导体集成电路技术已经把每一次计算的能耗降到几乎不能再低，但超级计算机中海量的计算仍然用电惊人，每年电费以亿元计。很多科学计算都需要百万、千万级的经费才能够进行。退一亿步讲，这样的计算即使能算下来，成本也是大问题。

经典计算机可以采用蒙特卡罗方法，随机选择一些可能的输入去做统计。但这样的计算结果不可靠，因为这个函数完全可能是一个分布比较奇怪的函数，随机采样的结果不准确。

如果用量子电路实现这个函数 $f(x)$（图 21.3 左图），情况会有很大的不同。此时电路输入 n 个量子比特（图 21.3 左图），就意味着每个比特可以输入 $|0\rangle$ 或 $|1\rangle$，也可以输入这两个态的任意组合，比如，所有的比特都输入 $|0\rangle+|1\rangle$（图 21.3 右图）。

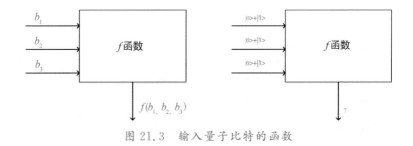

图 21.3　输入量子比特的函数

让我们用 $|+\rangle$ 来表示 $|0\rangle+|1\rangle$ 这个组合状态，用 $|-\rangle$ 来表示 $|0\rangle-|1\rangle$。实际上，这个组合态前面需要乘以 $\dfrac{1}{\sqrt{2}}$ 这样一个因子，用来满足

总概率是 1 的条件。这里我们省去这个细节,不影响整个分析过程。

如果两个比特都输入 $|+\rangle$,组合出来的状态是:

$$|0,0\rangle + |0,1\rangle + |1,0\rangle + |1,1\rangle \qquad [21.1]$$

是 4 个"纯"态的相加。数学基础好的读者很快会发现,对于 n 比特的输入(图 21.3 右图)(图中只画了 3 个比特),组合出来刚好是 2^n 个经典可能性的相加。但这样的一个输入,不过是 n 个量子比特海量可能状态中的一个,和所谓的"纯"态地位是一样的。已经搭建好的量子电路会一视同仁地处理这个输入,得到的结果会是什么?是不是 $f(x)$ 对所有可能 x 的相加?如果是,这就意味着量子电路可以用一次运算、一份能量,完成 2^n 次经典计算,也就是一次性完成五连亿次甚至更多的计算!那么,量子计算机就是非常值得研究的方向。

实际情况更复杂一些。量子电路无论采用什么样的设计,都一定是按照量子力学的规律运行的。它至少应该有以下几个特点。

(1)输入 n 个量子比特,运行一段时间后仍然输出 n 个比特,量子力学不会消灭和产生量子比特,只会改变它们的状态。这和经典计算机中的比特运算完全不同,所以不会有输入 n 个比特只输出一个数字的电路。

(2)输入比特的状态确定了,输出就确定了(但测量的结果不确定)。

(3)量子力学的方程是线性的,也就是说:

如果输入 $|a\rangle$ 得到输出 $|a1\rangle$,输入 $|b\rangle$ 得到输出 $|b1\rangle$,那么输入 $|a\rangle + |b\rangle$ 得到输出 $|a1\rangle + |b1\rangle$。

在已知函数 $f(x)$ 规则的情况下,能够搭建出来的量子电路是如图 21.4 左图所示的 U_f 模块。这个模块除了输入 n 个量子比特

$b_1, b_2, \cdots, b_n$ 用于计算 $f(x)$，另外还有一个量子比特 b_{n+1} 用于辅助输出。它的规则如下。

（1）如果输入都是 $|0\rangle$ 或 $|1\rangle$ 那样的"纯"态，那么

①如果 $f(x) = 0$，那么输出 $b_1, b_2, \cdots, b_n, b_{n+1}$ 保持不变；

②如果 $f(x) = 1$，那么输出 $b_1, b_2, \cdots, b_n$ 保持不变，b_{n+1} 翻转（$|0\rangle$ 变 $|1\rangle$，$|1\rangle$ 变 $|0\rangle$）。

（2）一般情况下，输入是这些纯态的组合，输出也就是相应比例的组合。

按这个规则，这个量子电路似乎并不改变前面 n 个量子比特的状态，其实并非如此；因为经过这个电路后，前面 n 个比特和最后一个比特发生了量子纠缠（参见第 11 章）。我们马上就会看到，最后的计算结果是在前面 n 个比特上提取出来的。

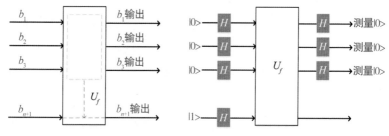

图 21.4　DJ 算法的量子电路

完成这个计算的完整电路如图 21.4 右图所示，其中被标记为 H 的门电路是量子计算机中常用的门，它的功能是把纯的量子态混合起来：

$$H|0\rangle \to |+\rangle, \quad H|1\rangle \to |-\rangle$$

经过这一组门电路的操作,输入到 U_f 的前 n 比特恰恰是图 21.3 右图所需要的输入,也就是公式[21.1]中的混合态。b_{n+1} 则产生一个 $|-\rangle$ 的输入,如果 $f(x)=1$,U_f 就会产生一个负号。

所以从 U_f 输出的是这样一个状态(以 $n=2$ 为例):

$$(-1)^{f(0,0)}|0,0,-\rangle+(-1)^{f(0,1)}|0,1,-\rangle+(-1)^{f(1,0)}|1,0,-\rangle$$
$$+(-1)^{f(1,1)}|1,1,-\rangle \qquad [21.2]$$

对于一般的情况,使用数学中的求和符号表达起来比较方便:

$$\sum_x (-1)^{f(x)}|x,-\rangle \qquad [21.3]$$

这个量子态紧接着就会通过一排 H 门。这一组电路会把一个量子态变成一组新的纯态的组合(仍以 $n=2$ 为例):

$$(-1)^{f(0,1)}|0,1,-\rangle \rightarrow (-1)^{f(0,1)}|+,-,-\rangle=(-1)^{f(0,1)}(|0,0,-\rangle$$
$$+|1,0,-\rangle-|0,1,-\rangle-|1,1,-\rangle) \qquad [21.4]$$

于是,由公式[21.2]或[21.3]表示的量子态会被这一排 H 门电路重新组合,留给数学基础好的读者证明:其中 $|0,0,\cdots,0,-\rangle$ 那一项的系数是:

$$\sum_x (-1)^{f(x)} \qquad [21.5]$$

公式[21.5]恰恰是我们要计算的答案。如果对于所有的 x,$f(x)$ 都输出 0,那么公式[21.5]产生最大输出,乘以正确的系数后,最大的输出是 1。而如果对于所有的 x,$f(x)$ 都输出 1,公式[21.5]产生的反向最大值就是 -1。如果 $f(x)$ 输出 0 和 1 的数量差不多,得到的结果就接近 0。和蒙特卡罗方法不同,这个计算实实在在地计算了所有可能的 $f(x)$。

这个电路的窍门在于:用 U_f 模块一次性地完成 2^n 次 $f(x)$ 函数

的计算,再用一排 H 门一次性地完成 2^n 次加减法计算。量子纠缠的神奇之处在于,这一排 H 门作用在各自的比特上,似乎并没有连接任何两个比特,但却完成了不同比特状态的超级加法。

但是,量子力学的波函数或状态函数的系数并不是可以直接观测到的量,其绝对值才是,对应测量的概率。所以要得到问题的答案,我们必须对这个电路输出的量子态进行测量,测量全部 n 比特输出 0 的概率(图 21.4 右图)。这个量子计算电路不能区分 1 和 −1(可以靠经典计算机辅助区分),但可以告诉我们这个函数是更倾向于常数型(概率是 1)的还是平衡型的(概率是 0)。

因为问题的答案是一个概率,所以这个量子电路必须重复运行很多次,进行反复测量。这是量子计算机的特点,即必须大量地重复运行和测量,才能得到准确的计算结果。量子霸权太强大,即使需要多次运行,其计算能力也是经典计算机望尘莫及的。

DJ 算法第一次向人们展示了什么是量子霸权,随后很多科学家投入量子算法的研究,到舒尔(Shor)证明了公码加密算法可以用量子计算机破解,这个领域得到了世人的瞩目。我们不厌其烦地用数学逻辑的细节解释这个算法,是为了给读者演示量子态的可叠加性,让量子计算机可以在不消耗更多能量的情况下进行经典计算机无法企及的海量平行计算。

21.3　量子计算机的硬件

证明了量子计算机可以有超级强大的能力是重要的科学进展,但要真正把量子计算机造出来,需要克服的困难是非常多的。

首先,量子比特怎么实现?你也许会想,那还不容易,一个电子的自旋不就是一个量子比特吗?电子的自旋有向上、向下两种可能性,的确可以构成一个量子比特,但作为计算机电路的一部分,量子比特必须完全可控,且稳定。

可控就是可以把这个比特操纵到任何可能的状态上。对于集成电路中的经典比特,控制它们太容易了:把电路中最高的电压(通常叫 V_{DD})加上去,它就变成了 1,把 0 电位接上去(接地),它就变成了 0。对于量子比特,可控意味着我们必须能够精准调整 $-|0\rangle$ 和 $|1\rangle$ 的比例,还必须能够调整那个特别重要的相位,这比控制一个经典比特复杂得多。

稳定意味着一旦把一个比特控制在某个状态上,它必须能够保持那个状态,除了用于计算外,不被其他的相互作用干扰。保持一个量子比特的稳定是非常困难的事情,量子比特状态维持的时间叫作相干时间。对于物体中的一个微观粒子,它无时无刻不受到周围粒子热运动的碰撞,其状态是瞬息万变的。一个尺度更大的系统更容易保持稳定,可是量子力学效应只在微观的系统中才会有。集成电路中,一个经典比特由 6 个或更多的 MOS 管组成的电路来实现,现在每个 MOS 管的特征尺度已经降低到了 3 纳米(十亿分之一米)。把器件做得这么小已经是非常了不起的技术成就,但在这个尺度上基本看不到什么量子效应。量子比特是否需要尺度更小?那要怎么加工?又怎样保证可控和稳定?

最困难的是,量子比特的状态控制必须非常精准。因为量子比特的参数是连续可调的,是模拟信号,不像经典比特是数字信号。最早的计算机也是使用模拟信号的,但很快就被数字计算机取代了,因为数字计算机没有误差。一个电路、一个芯片中的噪声是避免不了的，但在数字电路中，1 是最高电压 V_{DD} ，0 是最低电压 0。噪声固然会带来误差，但只要工程设计得当，带着误差的 1 是不会被识别为 0 的，反之亦然。被正确识别的 1 和 0 在下一级的计算中仍然会以最高和最低电压发送出去，之前的误差会被消除，不会积累。反观模拟计算，误差不可避免，并且会在多次运算中逐步积累起来；而复杂的计算程序，从输入数据到产生输出，中间也许有亿万次计算，一个极其微小的误差，都可能使最后的计算结果完全不可信。这就是量子计算面临的难题。

目前，各种量子比特的技术都在研发中，八仙过海，各显神通，使用本书第 17 章介绍的超导现象制成的量子比特和量子计算机最被看好。超导是宏观的量子现象，它的库伯电子对的电流需要用薛定谔方程来研究，这就意味着可以在比较大尺度的器件上看到量子效应，便于制造。另外，在超导经典计算机的研究过程中，已经形成了超导集成电路技术，可以使用铌、铝等超导材料通过照相、蚀刻等手段制造集成电路器件。

不过，使用超导体实现量子比特，仍然要面对很多困难。首先，不像一个自旋 1/2 的粒子天然只有两个基本状态，超导系统中有无穷多的能级。要把它变成一个量子比特，就要想办法让它只在最低的两个能级之间跳动和混合。这首先要求超低温，到底多低的温度呢？我们知道，绝对零度约等于 $-273.15\,℃$ ，再低的温度也只能无限接近这个绝对零度。超导计算机的温度一般需要控制在 $10\,\mathrm{mK}$ ，也就是绝对零度以上的百分之一度。

在这样的温度下，超导器件会稳定在最低的能级（基态）上，再使用微波让它在基态和第一激发态(能量第二低的态)之间混合起来,需要把微波频率调整到刚好可以在这两个能级之间产生迁移,这样量子比特就做成了。两个能级的差不能太大,否则很难操纵,高的能级容易跌下来;也不能太小,否则超低温下的那一点热运动也足以让低的能级跳上去。

超导量子比特也有很多种形式,最常见的有两种。

第一种是图 21.5 所示的岛型超导量子比特,它是由一大块超导体上隔着绝缘层贴着的一些超导体小岛组成的,每一个小岛就是一个量子比特。绝缘层形成的结构就是本书 17.4 节介绍的约瑟夫森结。库珀对可以穿越这层绝缘体往来于小岛和超导体基底之间。当然,有一个平衡点的总能量最低,在小岛和基底之间施加一个电压,可以影响这个平衡点。在平衡点附近,多一对、少一对电子就会形成很多的能级。对于量子比特,能级太多,并且能级之间的能量差太大;但如果调整外加电压,让平衡点卡在半个库珀对附近,那么最低的两个能级会非常接近。这样的调控,无疑是非常精密的控制。再加上微波信号,就会让 N 对和 $N+1$ 对电子的两个状态混合起来成为一个量子比特。不同比特之间的电路连接还可以生成量子门。

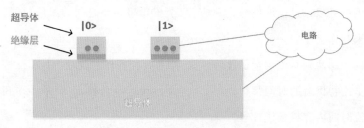

图 21.5　岛型超导量子比特

　　另一种是环形的量子比特，如图 21.6 所示。本书在 17.3 节曾介绍过，通过一个超导环的磁通量、环上的电流，都是量子化的，只能是一个基本单位的整数倍。这里的超导环内夹着一个约瑟夫森结，让通过电磁感应改变这个磁通量更加容易。不同的磁通量，自然地形成一系列的能级，正常情况下，磁通量是 0 的那个能级最低。我们再次遇到能级太多、间隔太大的问题。但如果施加一个外部磁场，平衡点就不一样了，如果把平衡点调到半个磁通量单位左右，那么最低的两个能级就会非常接近，可以制成一个量子比特。

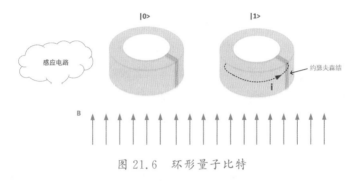

图 21.6　环形量子比特

　　如同一个库珀对的电量是非常小的数字，一个磁通量的量子单位也是很小的数字，所以这也是非常精密的控制。这种量子比特的调控仍然可以通过微波信号去感应，两个相邻超导环之间的感应，可以用来制作量子门。

　　这两种基本的量子比特形式，都有各种各样的改进。目前这些量子比特保持的时间都很短，从几十微秒到若干毫秒，诀窍是必须在这段时间内完成量子计算。

　　量子计算机的设计还会遇到一个困难，就是当比特数目多的时候,把它们彼此都连接起来去做运算就会很困难,但量子算法常常需要很多比特去互相作用。

最大的困难仍然在于控制误差。控制量子比特已经是非常精密、困难的任务,再要达到通用计算要求的极高精度,那就是难上加难。业界的解决方案是,采用纠错技术,这种技术通过把很多个量子比特器件(物理比特)制成高度纠缠的状态来实现一个比特的功能(逻辑比特)。纠错当然要有代价:从 7、8、9 个物理比特开始,到用更多的物理比特来纠错换取更小的误差。一些比较新的研究表明,使用 1000 个物理比特换取 1 个逻辑比特,可以达到通用计算所需要的 10^{-15} 的超高精度,这当然又要求更大规模的量子计算机硬件。好在只需要 50 多个逻辑比特就可以达到任何经典计算机都无法企及的算力。

量子模拟已经取得了一些实际应用的成果,因为它对控制精度要求不高。但量子计算是一个正在快速发展的领域,一些大公司已经制定了发展路线图。很可能若干年后,它的面貌和今天又会很不一样。对于正在求学的年轻人,这是一个非常值得关注的方向。

也许,本书的某位读者,会在未来改变量子科学的版图。

未来秒杀超级计算机的量子芯片

　　一百多年前，当经典物理学大厦建成的时候，物理学家们认为物理学已经完美了。只不过，在晴朗的天空中，还有"两朵乌云"。

　　拨开乌云后，相对论和量子论创立了，并且成为现代物理学的两大支柱。在创立这两个理论的过程中，人类的认知被彻底颠覆。

　　今天，量子力学催生了半导体、激光、超导这样的新技术后，人类文明发生了翻天覆地的变化。在量子论和相对论的基础上，物理学又建起了高高的"大楼"。

　　但是，我们知道物理学还不完美。虽然那个未知的世界离我们如此遥远，但在这个地球上还是需要有仰望星空的人！

参考文献

[1] 曾谨言.量子力学:卷Ⅰ[M].5版.北京:科学出版社,2013.

[2] 曾谨言.量子力学:卷Ⅱ[M].5版.北京:科学出版社,2013.

[3] 赵凯华,陈熙谋.电磁学[M].4版.北京:高等教育出版社,2018.

[4] 黄昆.固体物理学:重排本[M].北京:北京大学出版社,2014.

[5] 温伯格.量子场论:第1卷[M].北京:世界图书出版公司,2014.

[6] 温伯格.量子场论:第2卷[M].北京:世界图书出版公司,2014.

[7] 温伯格.量子场论:第3卷[M].北京:世界图书出版公司,2014.